TREINAMENTO TÁTICO NO FUTEBOL

TEORIA E PRÁTICA

Catalogação na Fonte
Elaborado por: Josefina A. S. Guedes
Bibliotecária CRB 9/870

P895t
2020

Praça, Gibson Moreira
Treinamento tático no futebol : teoria e prática / Gibson Moreira Praça. Pablo Juan Greco. - 1. ed. – Curitiba : Appris, 2020.
241 p. ; 23 cm. – (Educação física e esportes).

Inclui bibliografias
ISBN 978-65-5523-178-6

1. Futebol – Estudo e ensino. I. Greco, Pablo Juan II. Título. III. Série.

CDD – 796.334

Livro de acordo com a normalização técnica da ABNT

Appris editora

Editora e Livraria Appris Ltda.
Av. Manoel Ribas, 2265 – Mercês
Curitiba/PR – CEP: 80810-002
Tel. (41) 3156 - 4731
www.editoraappris.com.br

Printed in Brazil
Impresso no Brasil

Gibson Moreira Praça
Pablo Juan Greco

TREINAMENTO TÁTICO NO FUTEBOL

TEORIA E PRÁTICA

FICHA TÉCNICA

Dedicamos este livro a todos aqueles que se interessam pelo futebol e buscam, por meio da interação entre teoria e prática, pensar e propor o desenvolvimento dos conceitos do jogo. Dedicamos também a todos os treinadores e membros de comissões técnicas que, diariamente, transformam teoria em prática na formação de jogadores e na montagem de equipes de sucesso. Por fim, dedicamos a torcedores, jornalistas, diretores esportivos e todos os profissionais e amantes do futebol, responsáveis pelo futuro da modalidade culturalmente mais enraizada no imaginário brasileiro.

AGRADECIMENTOS

Aos membros do Centro de Estudos em Cognição e Ação que, por mais de 20 anos, contribuíram para a qualificação do modelo teórico que embasa a proposta apresentada neste livro.

Aos profissionais do futebol que, também ao longo de quase 20 anos, permitiram aproximações com a universidade e criaram as pontes que hoje apresentamos neste trabalho. Não há produção do conhecimento no futebol sem o suporte dos clubes!

Aos colegas do departamento de esportes da Universidade Federal de Minas Gerais, do UFMG *Soccer Science Center* e aos membros do Programa de Pós-graduação em Ciências do Esporte, pela incessante busca na produção de conhecimento de qualidade para a melhora da prática esportiva – incluindo o futebol – no Brasil.

Jogar futebol é muito simples, mas jogar um futebol simples é a parte mais difícil do jogo

(Johan Cruyff)

Se não temos certeza de nada, como podemos confiar naquilo que a ciência nos conta? A resposta é simples: a ciência não é confiável porque dá respostas corretas. É confiável porque nos fornece as melhores respostas que temos no momento presente. As melhores respostas até agora. A ciência reflete o melhor que sabemos os problemas que enfrenta. É precisamente sua abertura para aprender, para colocar o saber em discussão, que nos garante que as respostas que oferece são as melhores disponíveis

(Carlo Rovelli)

PREFÁCIO

A procura do conhecimento e, sobretudo, a capacidade para gerar o próprio conhecimento, não são meros requisitos técnicos, exclusivos dos profissionais do ensino e do treino do futebol. Mais do que isso, tais condições constituem um imperativo ético que deve nortear todos os que abraçam a atividade de formar seres humanos e de colaborar no seu desenvolvimento.

Os livros são uma das fontes a que podemos recorrer para evoluirmos e ajudarmos outros a evoluir, também no âmbito do Desporto. Obviamente, por si só não fazem de ninguém treinador, nem professor, mas podem ser um auxílio precioso na capacitação de pessoas competentes, melhor informadas e preparadas para grandes desafios.

Esta obra que Gibson e Pablo nos dão a conhecer constitui um contributo interessante, que vem valorizar a literatura a que podemos recorrer para nos tornarmos melhores e mais atentos no domínio do treino do futebol, nomeadamente na sua faceta capital, isto é, a tática.

Louvo esta publicação, estando certo da sua pertinência, utilidade e atualidade.

E se bem conheço os autores, no que tange ao seu labor sério e empenhado, bem como à sua propensão para criar e partilhar conhecimento, estou certo de que não irá parar por aqui. E é bom que assim seja.

Bem-haja por isso.

Prof. Dr. Júlio Garganta

Faculdade do Desporto – Universidade do Porto

APRESENTAÇÃO

Há, no imaginário popular, a ideia de que o Brasil é (ainda) o país do futebol. Estamos inseridos em uma cultura na qual a prática e a assistência esportiva configuram-se parte do cotidiano de crianças, adultos e profissionais do meio. Contudo esse interesse culturalmente estabelecido não se configurou, nos últimos anos, na elaboração de materiais didáticos que suficientemente permitissem a difusão do conhecimento produzido em interface com a escola brasileira de futebol, o que criou evidentes lacunas entre a teoria e a prática do futebol.

Diante desse contexto, este livro visa a criar pontes entre o conhecimento produzido nas pesquisas aplicadas ao futebol, desenvolvidas ao longo dos últimos 20 anos no Centro de Estudos em Cognição e Ação (Ceca), da Universidade Federal de Minas Gerais, e o cotidiano de treinadores e demais membros das comissões técnicas que atuam na preparação de atletas no futebol. Trata-se de um livro teórico, com forte amparo prático, e de um livro aplicado, que não abre mão do respaldo científico.

O livro está organizado em um caminho que levará o leitor da teoria à prática do treinamento tático no futebol. Na parte 1, são apresentados conceitos inerentes ao treinamento tático no futebol. A uniformização no entendimento do termo é o único caminho para a integração dos conhecimentos produzidos e para um maior e melhor intercâmbio de ideias (entre treinadores, pesquisadores, profissionais do futebol, torcedores e outros). Em uma abordagem eminentemente integrativa, buscamos revisitar historicamente a construção dos termos e propor unicidade no entendimento do jogo. Nessa parte serão discutidos os "o quês" e os "porquês" relacionados ao treinamento tático no futebol.

Na parte 2, o livro inicia sua caminhada centrada na prática com a apresentação do modelo de treinamento tático e a proposta de sistematização longitudinal para categorias de base no futebol. Além de apresentar a proposta – amparada em robusto referencial teórico –, busca-se discutir problemas eminentemente práticos, os quais impedem treinadores de alcançar o sucesso no planejamento e execução das sessões de treinamento. Nessa parte, o foco assenta-se na discussão dos "comos" e "quandos" relacionados ao treinamento tático no futebol.

Por fim, a terceira parte propõe uma aplicação prática dos conteúdos desenvolvidos anteriormente. Os leitores serão apresentados a estudos aplicados envolvendo o treinamento tático no futebol e a um compêndio de atividades orientadas para o treinamento de princípios táticos. Nesse ponto, para além da criação de um "manual de práticas", salienta-se a ideia de um material que fomente o pensamento criativo do treinador, transportando os exemplos apresentados à sua realidade e à necessidade dos atletas. Nessa parte apresentam-se estudos aplicados nos quais investigou-se o papel dos pequenos jogos no treinamento tático no futebol, de forma a permitir aplicação dos conteúdos produzidos academicamente.

Espera-se que este livro alcance treinadores e membros de comissões técnicas, estudantes de educação física e interessados em geral pelo futebol. Por meio dele, esperamos contribuir para que o país do futebol ganhe mais destaque na produção sistematizada de conhecimento na área. Por fim, esperamos criar pontes entre teoria e prática, aproximando universidade e clubes na dura – e complexa – tarefa de formar jogadores e equipes de futebol.

SUMÁRIO

PARTE 1
ENTRANDO EM CAMPO – CONCEITOS INERENTES AO TREINAMENTO TÁTICO NO FUTEBOL

PARTE 1

ENTRANDO EM CAMPO – CONCEITOS INERENTES AO TREINAMENTO TÁTICO NO FUTEBOL

CAPÍTULO 1

A TÁTICA COMO CONTEÚDO DO TREINO NO FUTEBOL

1.1 UM CONCEITO INTEGRATIVO DE TÁTICA

O termo "tática" permeia, invariavelmente, as discussões acerca do futebol. Seja no âmbito acadêmico, seja no meio prático, reconhece-se a tática como conteúdo da modalidade e um componente com potencial para predizer bons resultados. Contudo a invariável escolha da tática como conteúdo do jogo do futebol não se reflete em uma unidade na sua interpretação, o que se traduz em limitações no treinamento da tática na modalidade.

O primeiro trabalho de destaque internacional acerca da ação tática no esporte foi *O Acto Táctico no jogo* (MAHLO, 1970). Nele, o autor traduz o conceito de tática como uma ação, consciente e orientada a um objetivo, que visa a resolver praticamente, e no respeito de todas regras em vigor, um grande número de problemas postos pelas diversas situações de jogo (MAHLO, 1970). Ainda que fortemente amparado em uma teoria de processamento da informação, a qual se baseia em ações concatenadas simultaneamente – pouco aplicáveis ao contexto real do jogo atual, caracterizado por elevado constrangimento temporal –, a definição inicial de tática já reflete a necessidade de entendê-la como um caminho para a solução de problemas emergentes no jogo (e não necessariamente com uma mera distribuição posicional dos jogadores no campo, o que é comumente apresentado no ambiente prático).

Em contraposição ao tradicional conceito de tática, emerge na literatura o conceito de estratégia. À estratégia atribuem-se, historicamente, os planos de ação e a direção de uma equipe, caracterizados pela especificidade do jogar pretendido face determinadas características dos adversários, da competição e dos próprios atletas (SILVA *et al.*, 2011). Assim, à estratégia atribui-se o planejamento, enquanto à tática atribui-se a execução. Tal dicotomia, ainda que didaticamente convincente, não reflete a realidade sistêmica do jogo de futebol (CLEMENTE *et al.*, 2014; GARGANTA; GRÉHAIGNE, 1999).

Na medida em que o futebol se enquadra nos chamados "Jogos Esportivos Coletivos" (GRECO; BENDA, 1998; MORENO, 1996), a solução dos problemas emerge em um contexto coletivo, no qual o estabelecimento de referências coletivas para o jogar se faz necessário. Nesse ponto, em outro trabalho de destaque – "Problemas de Teoria e Metodologia nos Jogos Desportivos" –, define-se a tática como a totalidade das ações individuais e coletivas dos jogadores de uma equipe, organizadas e coordenadas racionalmente e de uma forma unitária nos limites do regulamento do jogo e da técnica desportiva com o fim de se obter a vitória (TEODORESCU, 1984). Na ausência dessas referências, um zagueiro poderia, por exemplo, decidir acompanhar o atacante que busca a bola no meio-campo, e outro zagueiro decidir não avançar no campo de jogo, o que favorece o aparecimento de ações de mobilidade (infiltrações) e reduz as possibilidades do atacante se encontrar impedimento. Por outro lado, se coletivamente se estabelece um plano de ação, cujo princípio tático específico (vide capítulo 2) se baseia na não ruptura da última linha defensiva, os defensores poderão, coletivamente, adotar um comportamento de avançar no campo de jogo, deixando os atacantes em impedimento. É nesse ponto que se funda o saber "tático-estratégico", a profunda interação entre a capacidade decisional do atleta e os planos de ação previamente estabelecidos e colocados em prática pela equipe (GARGANTA, 2006).

No entanto a indissociável associação entre tática e estratégia no futebol levou, ao longo dos anos e de maneira bastante evidente na escola brasileira, a um entendimento do conceito que supervaloriza a dimensão da planificação e subvaloriza a dimensão da execução. É nesse contexto que o conceito de tática emerge como sinônimo de "esquema tático", ou "sistema tático", o qual é entendido como a disposição espacial dos jogadores no campo do jogo associado às escolhas do treinador para determinado confronto (CAPINUSSÚ; REIS, 2004). A prevalência desse termo em debates acerca da tática, e o papel central que a ele atribui-se, revela a dificuldade na definição de uma matriz conceitual da ação (tática) durante o jogo. Ao negar-se a dimensão atitudinal (e decisional) da ação tático-estratégica, nega-se a necessidade de um processo sistemático, i.e., treinamento, para melhoria da capacidade de tomada de decisão dos atletas. Na prática, um conceito de tática fundado em aspectos posicionais não permite adequado ambiente de aprendizagem acerca dos aspectos decisionais. O resultado é a formação de atletas conscientes da lógica do jogo, mas incapazes de resolver problemas.

Não é proposta deste trabalho fornecer rupturas com a apropriação popular do conceito, muito menos criar indesejados debates entre teoria e prática. No presente aporte, busca-se a construção de pontes entre os saberes popularmente difundidos e o conhecimento produzido por vias acadêmicas. Contudo, ao discutir a impossibilidade do pensamento unidimensional da tática, cabe-nos apontar a necessidade de propostas integradoras do conceito que, principalmente, permitam correta sistematização do processo de treino. A redução do conceito reflete em empobrecimento do treino, resultado indesejado em todos contextos de formação de atletas.

Em uma abordagem sistêmica do jogo de futebol (GARGANTA; GRÉHAIGNE, 1999), bastante em voga na atualidade com o surgimento de correntes metodológicas com esse referencial teórico (a exemplo da Periodização Tática), emergiu a necessidade do entendimento do termo "sistema" no contexto do futebol. De maneira geral, o sistema é entendido como um conjunto de partes em interação (BERTALANFFY, 2008). Esse conceito apresenta-se particularmente útil ao pensarmos o jogo de futebol na medida em que as ações realizadas por algum jogador impactam diretamente na ação subsequente de todos demais jogadores no campo. Por vezes, um simples drible é capaz de causar ruptura e desordem em toda a organização defensiva, demandando dos 11 atletas da equipe adversária ajustes, coberturas e compensações face à nova dinâmica imposta.

Diante desse contexto, cabe-nos ressaltar que o supracitado conceito de "sistema tático", fortemente vinculado aos planos de ação estabelecidos pelos treinadores – isto é, altamente modulado por aspectos estratégicos do jogo – não permite um integral entendimento da dinâmica do jogo. Na prática, a disposição espacial dos jogadores em campo e as orientações específicas (manobras ensaiadas, por exemplo) não permitem a caracterização integral do modelo de jogo da equipe. Como exemplo, treinadores certamente já observaram partidas nas quais as equipes, apesar de disposições espaciais semelhantes (ou espelhadas, conforme literatura específica do futebol), possuem lógicas intrínsecas completamente diferentes para o jogar. Como diferenciar equipes espacialmente idênticas (por exemplo, duas equipes que atuem num 1-4-2-3-1), mas funcionalmente diferentes, à luz do conceito clássico de sistema tático?

É nesse ponto que sugerimos a ampliação – e a integração – do conceito para uma lógica que compreenda as dinâmicas específicas desenvolvidas pela equipe durante o jogo. Entendendo a tática como os processos decisionais desenvolvidos individualmente, em grupo ou coletivamente (PRAÇA; GRECO, 2016; SILVA *et al.*, 2011; SOARES; GRECO, 2010), é necessário que o conceito de sistema tático seja discutido considerando as referências decisionais que caracterizam determinada equipe. A essas referências, conforme discutido no capítulo 2, atribuímos o nome de "Princípios Táticos".

De forma a evitar a sobreposição de conceitos, o que gera na prática contradições na planificação do treino, propomos que o conceito de Sistema de Jogo apresenta-se potencialmente mais amplo do que o frequentemente utilizado conceito de Sistema Tático. Ao conceito de sistema de jogo está imbricada a ideia de combinação de diferentes partes, as quais reunidas, formam uma identidade única, que concorre para um resultado (TEOLDO; GUILHERME; GARGANTA, 2015). A um sistema de jogo compete o estabelecimento de referências especiais – plataformas de jogo ofensivo, defensivo e para as transições – além dos princípios táticos – gerais, operacionais, fundamentais e específicos – que orientarão ação dos jogadores em campo e permitirão o desenvolvimento de um Modelo de Jogo para a equipe. O conceito de Sistema de Jogo proposto permite-nos claramente entender que equipes com disposições espaciais semelhantes – mesma plataforma de jogo – podem apresentar-se funcionalmente opostas, uma vez que o jogar é baseado em princípios táticos diferentes. Possibilita-se entender que duas equipes, sob a supracitada plataforma de jogo 1-4-2-3-1, podem amparar-se em um jogar diferente (eminentemente reativo, amparado no contra-ataque, ou eminentemente propositivo, amparado no jogo apoiado, por exemplo).

Aportes recentes buscam caminhos integrativos para definir a tática no âmbito dos Jogos Esportivos Coletivos sem desconsiderar a dimensão estratégica. Em um recente trabalho, a tática foi definida como a "gestão do tempo e do espaço no jogo" (TEOLDO; GUILHERME; GARGANTA, 2015). Nesse ponto, ressaltamos a característica integrativa da definição na medida em que a supracitada gestão depende, certamente, da capacidade decisional para realizar as melhores escolhas; mas reflete também os planos de ação previamente estabelecidos, os quais podem indicar caminhos mais "caros" às diferentes equipes (os corredores laterais ou o central, o meio-campo de ataque ou de defesa, por exemplo).

Em uma abordagem cognitiva, entende-se a tática como a capacidade do atleta em decidir, face às situações-problema do jogo, o que fazer e como fazer, sendo essa evidenciada na ação motora do atleta (GRECO *et al.*, 2015a). Aqui, cabe-nos ressaltar a definição com viés cognitivo na medida em que ela coloca em evidência – evidência essa que é frequentemente negada pelo superficialismo dos conceitos de tática apresentados na prática – a necessidade do desenvolvimento do aspecto decisional como condição sine qua non para uma boa ação esportiva. Na prática, entender a tática como subproduto de processos cognitivos de atenção, percepção, memória, conhecimento e tomada de decisão (AFONSO; GARGANTA; MESQUITA, 2012) dá indícios da impossibilidade de pensar-se um treinamento "tático" sem a necessidade de tomada de decisão. É esse o ponto de ruptura – e não necessariamente a escolha de um nome – que apresentamos neste livro. Em resumo, quando assumimos que há um conteúdo tático inerente ao treinamento no futebol, assumimos a necessidade de ensinar os atletas a tomar decisões (inteligentes e criativas), para melhor se comportar em diversos contextos estratégicos. Negamos o conceito reducionista de tática em prol de uma abordagem integrativa, à luz da supracitada ação tático-estratégica.

1.2 ABORDAGENS DA TOMADA DE DECISÃO NO ESPORTE E NO FUTEBOL

Imagine a situação apresentada a seguir ocorrendo em um contexto real de jogo. Agora se imagine no lugar do jogador com a bola e tente responder à seguinte pergunta: o que fazer com a bola?

Figura 1 - O que fazer?

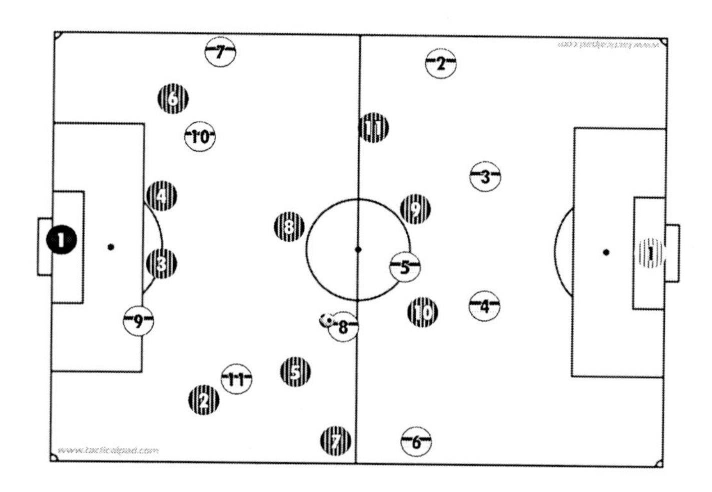

Fonte: os autores

Para entender como atletas chegam à resposta – e, consequentemente, como treiná-los para que cheguem frequentemente à melhor resposta –, a ciência caminhou, nas últimas décadas, em torno de dois caminhos inicialmente dicotômicos; mas, atualmente, interligados. Historicamente, desenvolveram-se pesquisas em dois campos no que tange ao processo de tomada de decisão em esportes. Por um lado, correntes cognitivistas defendem uma elevada participação – ainda que parcialmente inconsciente – de processos cognitivos e representações mentais da ação no processo de tomada de decisão, considerando-se a memória (e às estruturas do conhecimento declarativo e processual) como estrutura nuclear nesse processo (GRECO *et al.*, 2015a). Em tais abordagens, a decisão se baseia predominantemente em processos de *top-down*, ou seja, de cima pra baixo (dos processos cognitivos superiores para o ambiente). Na prática, nessas correntes, a decisão do atleta entre "tocar a bola para a direita ou conduzir a bola em direção ao gol" é mais influenciada pelo conhecimento que ele possui – fruto da experiência, isto é, dos anos de treino e prática da modalidade – do que das condições ambientais que se apresentam para ele. Nesse contexto, bastaria fornecer, durante o treino, informações de qualidade para que o atleta decida de maneira mais adequada no jogo.

Por outro lado, se você observou atentamente a imagem, deve ter percebido que o atleta número 9 encontra-se em posição de impedimento; logo, apesar de livre, essa não é uma boa opção de passe (a linha da área é uma boa referência para confirmar a posição de impedimento). Agora imagine os seguintes contextos: campo muito molhado (chuva); goleiro adversário adiantado; momentos finais de um jogo decisivo (final de uma competição importante, por exemplo). Sua decisão, enquanto atleta, seria a mesma? Você observa que seus atletas são capazes de tomar decisões independentemente do ambiente em que se encontram? Certamente um treinador experiente verá com bons olhos a negativa às duas perguntas anteriores. É por esse motivo que correntes de investigação se amparam em uma abordagem ecológica, baseada no conceito das possibilidades de ação (ou *affordances*) para defender que o sujeito é impelido pelo meio a tomar as decisões, caracterizando um processo *bottom-up*, isto é, de baixo (do ambiente) para cima (processos cognitivos).

Nessas correntes, algumas possibilidades de ação são mais "evidentes" que outras, sendo mais capazes de chamar a atenção do jogador e possuindo, portanto, maior probabilidade de serem escolhidas. Essas abordagens sugerem que dinâmicas ecológicas determinam sobremaneira o processo de tomada de decisão nos esportes (ARAÚJO; DAVIDS; HRISTOVSKI, 2006). Nesse contexto, a decisão segue um processo *bottom-up* (do meio externo para o topo, ou seja, a cognição), isto é, do ambiente emergem as possibilidades de ação (*affordances*) que orientam as tomadas de decisão (DAVIDS *et al.*, 2013). No âmbito das abordagens ecológicas, a investigação acerca dos processos de tomada de decisão no esporte busca explicar como a informação presente no meio guia o processo decisional dos atletas (OLIVEIRA *et al.*, 2009). Segundo Greco (2015), os autores que seguem essa linha de pensamento consideram que todos os elementos necessários à tomada de decisão estão presentes no ambiente. Por meio dessa abordagem, o processo de treino deve permitir ao atleta a vivência em múltiplos ambientes, contudo o papel da memória permanece desconhecido (Como atletas mais experientes geram melhores decisões?)

De maneira integrativa, autores sugerem que processos *top-down* e *bottom-up* ocorrem em paralelo e complementam-se no processo de julgamento e tomada de decisão no esporte (RAAB, 2007, 2015). Nesse contexto, são propostos links bidirecionais entre atenção, percepção e tomada de decisão (OLIVEIRA *et al.*, 2009), sugerindo-se que, de maneira geral, para perceber e gerar opções, indivíduos dependem tanto das informações acerca deles próprios quanto da informação presente no meio. Assim, quando a informação necessária está disponível no ambiente, ela pode ser usada para guiar diretamente as ações (percepção direta); contudo, quando a informação é escassa ou inespecífica – situação mais próxima do contexto esportivo –, as pessoas tendem a utilizar a informação disponível para gerar e escolher as opções (RAAB; OLIVEIRA; HEINEN, 2009). Na prática, o que os cientistas tentam dizer – com linguagem excessivamente rebuscada – é que, para decidir bem, precisamos treinar nosso atleta para ler os sinais relevantes do meio (jogador livre, jogador em impedimento, defensor mais perto ou mais distante, por exemplo), mas também fornecer informações de qualidade que o ajudarão a "pular etapas" no processo de tomada de decisão. É nesse caminho que o processo de treinamento da capacidade tática é proposto neste livro. Uma explicação mais detalhada dos processos de *top-down* e *bottom-up* é fornecida no capítulo 4, no qual apresentamos a fundamentação teórica do nosso modelo de treinamento tático.

Agora se coloque novamente no lugar do atleta e busque imaginar quais são os passos mentais para chegar à melhor resposta. Numa breve descrição, podemos propor que você inicialmente considere a possibilidade de passe para o atacante número 9. Contudo, ao perceber que ele se encontra em impedimento, você elimina essa alternativa e passa a analisar a posição do colega de equipe número 10. Apesar de ele estar em boa posição, você percebe que o marcador direto (4) já antecipou sua ação, logo irá interceptar um possível passe. Diante do espaço que você possui para progredir, decide conduzir a bola por mais alguns metros e, finalmente, chutar ao gol.

Apesar de bem descrito, tal processo ainda omite inúmeros detalhes. Como você irá conduzir? Como será o remate à baliza? Por quantos metros você conduzirá a bola antes de finalizar? A condução favorecerá o chute de perna direita ou de perna esquerda? Em resumo, o número de variáveis a considerar em um processo analítico de tomada de decisão é elevado. E como você já deve ter percebido, não há tempo, no jogo, para levar adiante esse processo.

Diariamente, treinadores de futebol são levados a decidir sobre diferentes assuntos: escalar atacantes de beirada ou mais meio-campistas; organizar a saída de jogo com dois ou três jogadores; favorecer o jogo direto ou apoiado na construção ofensiva. Em todos esses casos, cabe ao responsável pela decisão a condução de um processo de deliberação que envolve a busca de informações, análise de prós e contras e, por fim, decisão entre as opções possíveis. Similarmente, o contexto esportivo demanda dos atletas decidir entre diferentes formas de agir para resolver as situações-problema (MESQUITA, 2013), analisando e decidindo em consonância com permissões e proibições de cada regulamento (BAR-ELI; PLESSNER; RAAB, 2011). Em uma forma bem simples, tomada de decisão pode ser entendida como sendo uma escolha quando se tem diferentes opções. De maneira ampliada, a tomada de decisão define-se como sendo a capacidade de utilizar informação da situação presente e o conhecimento passado sobre ela para planejar, selecionar e executar uma ação ou grupo de ações apropriadamente direcionada(s) a um objetivo (WILLIAMS; FORD, 2013). No esporte, a tomada de decisão pode ser conceituada como a capacidade de um atleta selecionar a opção correta a partir de uma variedade de alternativas que emergem antes de um chute ou um movimento do oponente (FARROW; RAAB, 2008).

No entanto o contexto no qual atletas tomam decisão difere-se significativamente daquele no qual treinadores decidem em situações como as apresentadas no parágrafo anterior. Aos atletas, cabe conduzir processos de julgamento e tomada de decisão sob elevada restrição de tempo (CAUSER; FORD, 2014; GRECO *et al.*, 2015a), tendo frequentemente menos de 500 milissegundos para conduzir todo o processo de busca das informações, julgamento e tomada de decisão. Assim, atletas devem ser capazes de decidir não apenas corretamente, mas num menor tempo possível uma vez que a demora pode levar à perda da bola ou redução das chances de marcação de gols, o que traz à tona a importância de processos heurísticos[1] de tomada de decisão no esporte (GILOVICH; GRIFFIN; KAHNEMAN, 2002; RAAB; LABORDE, 2011), temas que serão discutidos posteriormente neste capítulo.

Não obstante à necessidade de decidir sob elevado constrangimento temporal, o contexto ambiental no qual atletas julgam e tomam decisões é demarcado por uma elevada imprevisibilidade, aleatoriedade e complexidade das ações (GARGANTA, 2009). Assim, apresenta-se virtualmente impossível que o treinador forneça ao atleta informações sobre todas as possíveis situações do jogo – embora alguns acreditem que sim. Para nós, um caminho mais adequado para o treinamento da tática refere-se ao fornecimento de informações que permitam adequada decisão em diferentes contextos, não um enrijecimento das ações por planos prévios. Isto é, propõe-se ensinar os atletas a decidir.

Continuando na perspectiva de integração das teorias; Tversky e Kahneman (1974) desenvolveram uma interessante abordagem para explicar os atalhos que experts em diferentes áreas podem possuir durante o processo de tomada de decisão, originando a *Heuristic and Biases Aproach*, isto é, a abordagem das Heurísticas e Vieses. De forma geral, a ideia consiste em que as pessoas utilizam um número limitado de heurísticas simples, isto é, informações, em vez do processamento algorítmico extensivo, para fazer inferências e tomar decisões em condições de incerteza (KAHNEMAN, 2012). Nos estudos no âmbito da tomada de decisão, esse termo passou a ser usado para se referir às estratégias que as pessoas utilizam com o objetivo de simplificar tarefas que envolvam inferências e decisões de difícil

[1] Um processo heurístico é definido como aquele que não necessariamente busca analisar todos os pontos relativos à tomada de decisão, mas sim considerar decisões minimamente satisfatórias para o momento de formar a economizar tempo no processo de decisão. Nesse caminho, as heurísticas são definidas em função da experiência prévia do jogador. Por exemplo, se um jogador habituado a ser bem-sucedido em ações de chute dentro da área recebe um passe na marca do pênalti, em boas condições de chute, provavelmente ele tomará a decisão de chutar sem considerar outras hipóteses (o que o impede de ver, em alguns casos, colegas mais bem posicionados). Nesse ponto reside a importância de que o treino favoreça a vivência de experiências variadas. Para melhor entendimento sobre as heurísticas, recomenda-se a leitura do livro *Simple Heuristics that makes us smart* (GIGERENZER; TODD, 1999).

representação para a mente (GILOVICH; GRIFFIN; KAHNEMAN, 2002). Na prática, os autores colocam que, em função da pressão de tempo, atletas não tomam decisões considerando todas possibilidades. No exemplo da figura 1, o processo analítico de tomada de decisão seria substituído por um raciocínio do tipo "estou confiante, logo vou conduzir e chutar". Isso explica bem porque alguns atletas apresentam determinados padrões de resposta e, principalmente, porque se recusam a "enxergar" alternativas (e ganham a fama de "fominhas" por não ter o passe como escolha prioritária, por exemplo).

Recentemente, outros autores propuseram teorias para explicar a relação entre processos heurísticos e a capacidade julgamento e na tomada de decisão em diferentes contextos de ação, incluindo o esportivo (GIGERENZER, 2004; GIGERENZER; TODD, 1999). Nesses novos aportes, o termo "heurística" pode ser entendido como uma estratégia que ignora parte da informação com o objetivo de tomar decisões de forma mais rápida, econômica, facilitada e precisa do que métodos mais complexos (GIGERENZER; GAISSMAIER, 2011). Heurísticas simples definem o comportamento de atletas em situações nas quais há limitação de conhecimento, tempo e capacidade cognitiva (RAAB *et al.*, 2015) e compreendem três elementos básicos: uma regra de busca, de forma que as opções são avaliadas de maneira decrescente, da considerada melhor (com base na experiência e no contexto ambiental) para a considerada pior; uma regra de parada (ou interrupção da busca), determinada uma vez que um atributo determinado é alcançado; e uma regra de decisão, a qual permite a seleção da melhor alternativa com base nesse determinado atributo (GIGERENZER, 2004; JOHNSON; RAAB, 2003). Esses elementos, a partir da ideia da geração de opções e tomada de decisão amparadas em processos heurísticos, formam a base da proposta chamada "T*ake the First*" (ou "escolha a primeira, em tradução livre) (JOHNSON; RAAB, 2003).

A abordagem do *Take the First* apresenta-se particularmente interessante para a investigação dos processos de julgamento e tomada de decisão em contextos nos quais a ação, embora familiar, apresenta-se pouco estruturada (JOHNSON; RAAB, 2003), exatamente o contexto da ação decisional no âmbito esportivo. A proposta sugere que, em contextos de elevada pressão de tempo, um decréscimo no desempenho decisional seria observado a partir do aumento no tempo para tomar a decisão (RAAB; JOHNSON, 2007). Assim, em vez de gerar exaustivamente todas as opções possíveis e processá-las deliberativamente, sujeitos são levados a escolher uma das primeiras opções geradas (frequentemente a primeira) como a solução (JOHNSON; RAAB, 2003). Essa primeira opção apresenta, normalmente, maior probabilidade de sucesso, suportando a ideia de que "menos é mais" (GIGERENZER; TODD, 1999; HEPLER; FELTZ, 2012; RAAB; JOHNSON, 2007), isto é, sugerindo que processos intuitivos poderiam levar a melhores decisões em contextos de ação pouco estruturados e sob elevada pressão de tempo (GIGERENZER, 2009). Assim, atletas poderiam "pular etapas", alcançando respostas adequadas em um menor intervalo de tempo. Suportando essa proposta, aportes prévios sugerem que a geração de um elevado número de opções em tarefas de geração de opções não é um fator determinante para a performance (WARD *et al.*, 2011). No exemplo apresentado, caso o atleta seja frequentemente estimulado a situações nas quais a decisão é condução da bola e finalização (princípio tático fundamental de penetração), pode sequer considerar outras possibilidades quando se encontrar sob pressão de tempo. Assim, ele vai decidir por conduzir a bola não por considerar que essa é a melhor opção, mas sim por considerar apenas essa opção. Nesse ponto reside a importância da correta sistematização do processo de treino da capacidade tática no futebol.

1.3 FUTEBOL: UM JOGO DE COOPERAÇÃO (TÁTICA)

Em 22 de setembro de 2015, a famosa equipe do Bayern de Munique, então comandada pelo treinador Pep Guardiola, fazia um jogo difícil contra o Wolfsburg, pelo campeonato alemão. Apesar da maior posse de bola do Bayern no primeiro tempo, o resultado no intervalo foi 1x0 a favor do Wolfsburg. No intervalo, Pep Guardiola decidiu colocar o atacante polonês Lewandovski em campo na tentativa de melhorar a eficácia ofensiva. O que ele não esperava é que, do 6º ao 15º minuto do segundo tempo, o atacante marcaria cinco gols e transformaria um jogo outrora complicado em mais uma goleada do Bayern. Essa passagem demonstra como o estado de equilíbrio, durante um jogo de futebol, enquanto um sistema dinâmico, apresenta-se suscetível a rápidas desestabilizações resultantes da alteração de apenas um parâmetro (LEBED; BAR-ELI, 2013) – nesse caso, a substituição de um único jogador e os demais ajustes posicionais consequentes dessa modificação. Para além desse exemplo – potencialmente único na história recente no futebol –, estudo prévio reportou a influência da realização das substituições na intensidade de jogos oficiais de futebol, indicando o potencial do entendimento da alteração de um número reduzido de jogadores nas respostas dos demais participantes do jogo (COELHO *et al.*, 2011).

Historicamente, associou-se o desempenho no futebol à maximização do desempenho dos indivíduos em capacidades de ordem técnica, tática, física e psicológica isoladamente, principalmente a partir de abordagens de treino advindas do leste europeu (GOMES; SOUZA, 2008; TEOLDO; GUILHERME; GARGANTA, 2015). Contudo tal abordagem só seria possível se, conforme postulado por Morin (2005), existisse um paradigma simplificador; ou seja, se a noção de desordem e complexidade fosse extraída do fenômeno em questão (MORIN, 2005). Assim, nas ciências do esporte, emerge o entendimento do jogo como um complexo conjunto de sistemas (GARGANTA; GRÉHAIGNE, 1999), os quais apresentam seu funcionamento nas relações estabelecidas entre as partes, e não no somatório das características individuais (BERTALANFFY, 2008; MORIN, 2005). Isso se traduz em uma demanda para pesquisadores e treinadores no sentido de adaptar os meios de treinamento tradicionais a práticas nas quais o desenvolvimento das capacidades físicas e técnicas não esteja dissociado da lógica do jogo – eminentemente tática (GRECO, 2006). A abordagem da complexidade para o treinamento do futebol orienta nossa proposta de planejamento longitudinal dos conteúdos e será discutida com mais detalhes no capítulo 5.

A consideração do jogo de futebol como um conjunto de sistemas (GARGANTA; GRÉHAIGNE, 1999) traz a necessidade do entendimento da relação que as partes estabelecem no contexto do jogo. Essa relação, no futebol, é caracterizada pela díade cooperação-oposição (GRÉHAIGNE; BOUTHIER, 1997), uma vez que o jogo demanda permanente ajuste tático-estratégico diante do contexto de complexidade em que a ação se dá. A cooperação, no jogo de futebol, emerge da relação estabelecida entre os colegas no "subsistema equipe" (GARGANTA; GRÉHAIGNE, 1999) e produz vantagens competitivas para um grupo a partir do aumento da eficácia no cumprimento das tarefas (DAVID; WILSON, 2015). Em algumas ocasiões, no jogo de futebol, observam-se equipes compostas por jogadores talentosos que apresentam, coletivamente, um baixo desempenho; em contrapartida, também observam-se equipes compostas por atletas de talento inferior que conseguem, apesar da menor expectativa inicial, realizar boas temporadas competitivas (MARCOS *et al.*, 2011). Assim, a simples menção ao nível individual de performance pode não representar o resultado final alcançado pela equipe; e espera-se que, durante competições intergrupos – assim como o futebol –, grupos bem-sucedidos apresentem altos níveis de comportamentos de cooperação na medida em que a proficiência nas tarefas do jogo seja elevada (DAVID; WILSON, 2015), o que confere importância à capacidade de cooperação entre os membros de uma equipe.

Do ponto de vista da cooperação, postula-se que os indivíduos colocados em situação de interdependência positiva – nas quais o benefício mútuo é possível – irão atuar de maneira mais cooperativa em relação àqueles colocados em situações de interdependência negativa, em que o benefício mútuo é menos provável (DEUTSCH, 1949). Aportes recentes, a partir da Teoria da Interdependência Social (JOHNSON; JOHNSON, 2005), apontam que a interdependência apresenta-se central nos contextos de ação em grupo – similarmente ao jogo de futebol – porque ela forma a estrutura que guia as interações – dentro do sistema complexo que caracteriza o jogo – a partir da determinação dos impactos de uma ação individual no contexto coletivo (EVANS; EYS, 2015).

Historicamente, a investigação a respeito da cooperação como fator chave no desempenho esportivo baseia-se nos aportes de Deutsch (1949). Segundo o autor, o estabelecimento e a continuidade da cooperação interindividual depende de dois fatores: a efetividade, ou o cumprimento dos objetivos coletivos; e a eficácia, relacionada à satisfação individual no contexto grupal (DEUTSCH, 1949). No futebol, assim como em outras atividades coletivas, o alcance dos objetivos do jogo não pode se dar unicamente no plano individual, sendo necessário aos membros adaptabilidade e flexibilidade dos esforços individuais com o intuito de alcançar as metas compartilhadas pelo grupo (ROBERTS; GOLDSTONE, 2011). Nesse contexto, é de se esperar, no jogo de futebol, que a inexequibilidade dos planos coletivos, seja pela qualidade da ação de oposição imposta pela equipe adversária (FOLGADO *et al.*, 2014), seja pela baixa capacidade de sincronização da equipe (DAVID; WILSON, 2015), orientada por um modelo de jogo (GARGANTA, 1997), estimule a fragmentação da ação coletiva em pequenos processos individuais, orientados pela busca do cumprimento das expectativas no plano individual (DEUTSCH, 1949). Assim, atletas passariam a desconsiderar os planos estratégicos previamente elaborados (SILVA *et al.*, 2011) em prol das percepções individuais no contexto do jogo, limitando o potencial cumprimento da proposta coletiva da equipe.

Em um contexto de interação (EVANS; EYS, 2015), capaz de gerar comportamentos de cooperação/oposição (GRÉHAIGNE; BOUTHIER, 1997), espera-se que os jogadores possam modificar a tendência inicial de cooperação a partir da modificação de fatores pessoais, interativos e situacionais (ALMEIDA; LAMEIRAS, 2013). No futebol, estudos prévios apontaram a influência de alteração de variáveis situacionais como o placar momentâneo (LAGO, 2009), marcação do primeiro gol (NEVO; RITOV, 2012) e expulsão de um jogador da equipe (BAR-ELI *et al.*, 2006) nos comportamentos dos jogadores. Ainda, a modificação dos fatores interativos no jogo de futebol associa-se à realização de substituições, as quais se mostraram efetivas para a alteração do comportamento das equipes em confronto (BRADLEY; LAGO-PEÑAS; REY, 2014), conforme apresentado no exemplo no início deste capítulo. Assim, no jogo formal, aportes teóricos permitem o entendimento da importância das relações de cooperação estabelecidas no contexto de ação.

Na literatura, aportes relacionados à abordagem ecológica do jogo (ARAÚJO; DAVIDS; HRISTOVSKI, 2006) apontam para a existência de padrões de coordenação interpessoal, amparados em um mútuo benefício para os atletas em função do jogo coletivo, sob diferentes condições de pequenos jogos (DAVIDS *et al.*, 2013). Em outro estudo, observou-se que os atacantes sem bola aparentemente coordenam suas ações com o jogador com bola com o intuito de criar mais opções de tomada de decisão para esse último (VILAR *et al.*, 2014). Em ambos casos, observam-se tendências de cooperação durante a ação no jogo. A utilização dos pequenos jogos como meios de treino para a capacidade tática será discutida no capítulo 7 com mais detalhes.

No jogo de futebol, as relações de oposição/cooperação orientam-se pelos objetivos específicos em cada fase do jogo. Na literatura distinguem-se duas fases do jogo: a fase ofensiva e a fase defensiva, inter-relacionadas conforme apresenta a figura 1. Além dessas fases, o jogo se caracteriza pela existência de quatro momentos: organização ofensiva, transição ataque/defesa, organização defensiva e transição defesa/ataque. Embora o sucesso em cada fase do jogo (e nos seus respectivos momentos) apresente-se como a síntese do objeto de ação dos jogadores, a baixa incidência de marcação de gols comparativamente a outros esportes coletivos traz aos objetivos secundários do jogo significativa importância. Tais objetivos situam-se nos quatro momentos de uma partida e representam a efetivação, no plano coletivo, de um Modelo de Jogo concebido (JANKOWSKI, 2016; TAMARIT, 2007). Esse modelo de jogo apresenta-se como o elo capaz de unir múltiplos interesses individuais em um propósito comum no jogo, ou seja, potencializa o estabelecimento da cooperação interindividual no contexto de ação do jogo de futebol.

Figura 2 - Fases e momentos do jogo

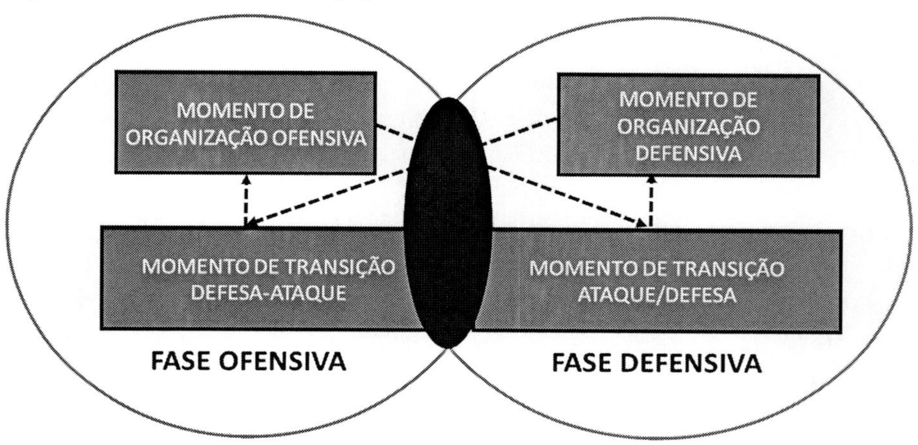

Fonte: os autores

As supracitadas fases e momentos do jogo traduzem-se em conteúdos específicos para o treinamento da capacidade tática. No próximo capítulo, serão discutidos os princípios táticos que caracterizam a ação em diferentes fases e sob diferentes níveis – os quais refletem a profundidade da especificidade do jogar pretendido.

Face à definição de tática, resta-nos conceituar o treinamento de forma a claramente delimitar o campo de atuação deste livro. Historicamente, o termo treinamento não se refere exclusivamente às ações conduzidas no âmbito das Ciências do Esporte. Nesse contexto, cabe-nos trazer o conceito de treinamento, à luz do esporte (i.e., Treinamento Esportivo), como aplicação concreta na área de investigação do futebol.

Neste trabalho, define-se a expressão treinamento esportivo como todos os processos planejados e sistemáticos que conduzem ao melhoramento do rendimento esportivo e também à estabilização e à redução do rendimento em algumas áreas de aplicação (GROSSER; ZINTL; BRÜGGEMANN, 1989).

Nesse conceito, alguns termos apresentam-se relevantes para entendermos o papel que o treinamento esportivo ocupa na formação e aprimoramento das habilidades individuais e coletivas de atletas e equipes.

Inicialmente, cabe definir o treinamento como processo. E, nesse ponto, ressalta-se que um processo compreende um intervalo temporal para que as ações planejadas gerem os resultados esperados. Nesse ponto, circunscreve-se a ideia de que para se gerar resultados do ponto de vista da aprendizagem tática, é necessário submeter os atletas a um tempo significativo de prática deliberada no caminho para a expertise (WARD *et al.*, 2007). Embora se apresentem caminhos mais adequados para alguns contextos, não há atalhos na formação tática. Atletas de alto nível são resultado de anos de treinamento (de qualidade)!

Num segundo ponto, cabe-nos entender o treinamento esportivo como um processo dirigido ao desenvolvimento planejado do desempenho esportivo. É nesse caminho que se espera uma contribuição do presente livro. Se, por um lado, um elevado aprofundamento teórico e metodológico no treinamento das capacidades físicas foi observado no futebol (e nos demais jogos esportivos), entende-se que a capacidade tática (e seu treinamento) ainda é objeto parcamente discutido na literatura. Como resultado, observa-se uma heterogeneidade de propostas, empiricamente desenvolvidas – mas não necessariamente cientificamente amparadas. Na presente obra, entende-se que, para um efetivo treinamento da capacidade tática, o treinador deve ser capaz de: a) definir, claramente, uma matriz de conteúdos a serem apresentados aos atletas em cada fase/etapa do processo de formação esportiva, de forma a conceber lógica ao processo de treino (isto é, planejar o que se quer desenvolver em cada momento); b) estabelecer corretas estratégias para a vivência dos conteúdos nas respectivas faixas etárias, o que leva à compreensão de que atletas de diferentes idades, níveis, expectativas e realidades demandam diferentes processos pedagógicos para o aprendizado (isto é, não há uma "fórmula" para se ensinar universalmente futebol); e c) sistematizar processos adequados de avaliação e monitoramento da aprendizagem tática, de forma a ajustar coerentemente os conteúdos do processo de treinamento.

Diante do supracitado entendimento de treinamento, e da abordagem da tática apresentada neste capítulo, propomos, a seguir, uma definição de treinamento tático no futebol. Cabe-nos reforçar, contudo, que tal definição não objetiva negar o conteúdo produzido na área ao longo de quase 50 anos, mas sim situar o leitor na nossa perspectiva uma vez que ela orientará, nas partes 2 e 3 deste livro, nossa proposta para treinamento tático no futebol. Esse conceito de tática, já apresentado na literatura (GRECO; ROTH, 2013), reflete a aplicação do conceito de treinamento esportivo às especificidades da capacidade tática nos esportes.

Treinamento tático: processo pedagógico de construção de oportunidades de aprendizagem, sistematicamente direcionado à melhoria da capacidade de tomada de decisão do participante nos seus diferentes níveis de rendimento no jogo.

CAPÍTULO 2

CONTEÚDOS DO TREINAMENTO DA CAPACIDADE TÁTICA NO FUTEBOL

2.1 INTRODUÇÃO

Imagine a seguinte tarefa: você é o treinador de uma equipe profissional de futebol e deve traçar o perfil de dois atletas a serem contratados: um zagueiro e um atacante de beirada. Ao traçar esse perfil, você naturalmente abordará questões antropométricas (provavelmente solicitará que o zagueiro seja mais alto e forte que o atacante de beirada), questões físicas e fisiológicas (terá expectativa, face às exigências do seu jogo e ao seu conhecimento da literatura científica, de que precisará de um jogador com maior capacidade aeróbica como atacante de beirada do que como defensor) e talvez atitudinais (com um perfil mais conservador e moderado no zagueiro e um perfil mais propenso ao risco no atacante de beirada). Contudo, raramente, elencam-se características táticas (e não somente ESTRATÉGICAS), dos jogadores. Qual o perfil decisional desejado para um atacante de beirada? Quais princípios táticos fundamentais devem ser dominados por um zagueiro? Como caracterizar um bom zagueiro e um bom atacante – do ponto de vista tático?

Se, no capítulo anterior, interessava-nos definir a capacidade tática, neste capítulo, detalharemos os conteúdos que caracterizam a ação tática no futebol. Tais conteúdos são conhecidos, na literatura, como "Princípios Táticos". Inicialmente, cabe-nos um breve aprofundamento no conceito de Princípios Táticos. Na sequência, Princípios Táticos Gerais, Operacionais, Fundamentais e Específicos serão apresentados e discutidos de maneira aplicada.

Ao consultarmos dicionários da língua portuguesa, à palavra "Princípio" são usualmente atribuídos dois significados: "o primeiro momento da existência (de algo), ou de uma ação ou processo"; ou "o que serve de base a alguma coisa; causa primeira, raiz, razão". Nesse ponto, interessa-nos particularmente a segunda definição, a qual parece adequar-se melhor à expressão "Princípios Táticos".

O processo de treino da tática no futebol – transversalmente discutido neste livro, mas objetivamente aprofundado a partir da Parte 2- é tradicionalmente confundido com um processo de fornecimento de respostas aos atletas. Nesse contexto, caberia ao treinador dizer e demonstrar ao atleta que, diante de determinada situação, a melhor solução é, por exemplo, o passe. Conforme previamente discutido, essa abordagem não permite ao atleta exercitar a capacidade de decidir, uma vez que a reposta é dada antecipadamente. Diante do contexto de imprevisibilidade que caracteriza o jogo, dificilmente todos contextos serão "ensaiados" no treino; logo, ensinar a decidir apresenta-se mais nuclear do que indicar as respostas.

Diante disso, cabe-nos salientar que o processo de treino da tática, amparado nos Princípios Táticos, não é um processo de ensino exclusivo de regras de ação do tipo "se o lateral direito ataca, o esquerdo deve recompor a defesa ao lado dos zagueiros". Treinar a tática por meio dos princípios táticos é treinar o atleta para decidir, face às situações que encontra no jogo – e com base no Modelo de Jogo da equipe – qual a melhor solução. Logo, sugere-se o menor estabelecimento possível de condutas-padrão e a maior ênfase na busca pelo fortalecimento da capacidade de analisar sinais relevantes e adaptar as decisões prévias às exigências momentâneas do jogo.

Nesse sentido, Princípios Táticos emergiram na literatura, nomeadamente a partir da obra da Bayer (1994, em língua espanhola), como os pontos de partida para a ação desportiva; definidores das propriedades invariáveis sob as quais se realizará a estrutura fundamental do desenvolvimento dos acontecimentos no jogo; guias para os jogadores, dirigindo-os e coordenando suas ações (BAYER, 1994). Nesse conceito, ressalta-se a característica norteadora da ação dos jogadores, permitindo o sentido de unidade à equipe.

Os princípios táticos decorrem da construção teórica a propósito da lógica do jogo, operacionalizando-se nos comportamentos tático-técnicos dos jogadores (TEOLDO; GUILHERME; GARGANTA, 2015). São entendidos como normas sobre o jogo que proporcionam aos jogadores pistas, indícios que os conduzam mais rapidamente às soluções táticas aos problemas advindos da situação-problema (TEOLDO *et al.*, 2009). Contudo o entendimento dos princípios enquanto normas de ação não deve ser confundido com o simples estabelecimento de regras de produção do tipo "se"..."então", visto que sua real importância se centra no estabelecimento de referências para o jogar pretendido (GARGANTA; PINTO, 1994), no direcionamento do processo decisional e na orientação coletiva para a ação tática. Dentre as diferentes nomenclaturas adotadas para defini-los, a mais congruente aponta a existência de princípios gerais, elaborados independentemente da fase do jogo e imbrincados na relação numérica entre os jogadores no ataque e defesa, operacionais, relacionados aos conceitos atitudinais para as duas fases do jogo – ataque e defesa – de forma a atingirem-se os objetivos centrais do jogo (BAYER, 1994; GARGANTA; PINTO, 1994), e fundamentais que orientam as ações dos jogadores e da equipe nas duas fases do jogo (defesa e ataque), com o objetivo de criar desequilíbrios na organização da equipe adversária, estabilizar a organização da própria equipe e propiciar aos jogadores uma intervenção ajustada no centro de jogo (TEOLDO *et al.*, 2011a). Há ainda os princípios táticos específicos, os quais são construídos em função do modelo de jogo elaborado para a equipe (SILVA, 2008; TEOLDO; GUILHERME; GARGANTA, 2015).

O desenvolvimento de processos cognitivos de atenção, percepção, memória (AFONSO; GARGANTA; MESQUITA, 2012) e, sobretudo, a formação de estruturas de conhecimento amparam, o aprendizado dos princípios táticos nos JEC, particularmente no futebol. Esse conhecimento manifesta-se de forma declarativa – saber o que fazer- e processual – saber como fazer, os quais, no plano da ação tática, permitem o alcance de soluções inteligentes e criativas para as situações-problema apresentadas no jogo (GRECO, 2006) a partir das relações desse conhecimento (pessoa) com o contexto da ação (ambiente) e os objetivos da ação (tarefa) (NITSCH, 2009). No contexto de complexidade do jogo (LEBED; BAR-ELI, 2013), caracterizado pela elevada quantidade de ações possíveis em um curto intervalo de tempo (NORTH *et al.*, 2009; WEIGEL; RAAB; WOLLNY, 2015), não é possível o atleta processar todos os sinais e as opções presentes no momento da tomada de decisão, devendo focar sua atenção nas pistas mais relevantes (NORTH *et al.*, 2009) as quais, conforme a literatura, são selecionadas de maneira heurística. O processamento heurístico refere-se às estratégias cognitivas para a ação rápida e bem-sucedida em situações de tomada de decisão com grande complexidade e constrangimento temporal (WEIGEL; RAAB; WOLLNY, 2015). Sendo esse o contexto de ação no futebol, a geração de opções com alta probabilidade de sucesso (WEIGEL; RAAB; WOLLNY, 2015) depende de um eficiente processamento heurístico (RAAB, 2015) amparado pelo conhecimento específico – manifesto no futebol por meio da utilização adequada dos princípios táticos que compõem o modelo de jogo da equipe.

Como exemplo, equipes frequentemente adotam como princípio tático específico de transição ofensiva a retirada da bola do centro de pressão (TEOLDO; GUILHERME; GARGANTA, 2015) de forma a facilitar sua manutenção e/ou explorar espaços vazios decorrentes da transição defensiva incompleta do adversário. Nesse contexto, caso houvesse a necessidade de processamento de todas as informações provenientes do meio, caberia ao jogador de posse da bola analisar a posição – relativa a si próprio – de todos companheiros de equipe e adversários, sua própria posição no campo, todo o contexto situacional do jogo – placar momentâneo, local do jogo, características do adversário etc. – além de considerar todas as alternativas armazenadas na memória a fim de definir qual a melhor tomada de decisão (em determinada situação, contexto e momento), processo que certamente causaria a perda da bola. Nesse contexto, o conhecimento prévio do princípio anteriormente especificado orienta o atleta a procurar alternativas de tomada de decisão que satisfaçam o propósito coletivo da equipe, ou seja, orientam-no na busca da possibilidade – não a regra – de retirar a bola do centro de pressão por meio da busca de linhas de passe de segurança mais distantes do centro de jogo. Assim é possível entender os princípios táticos como norteadores do processamento heurístico da tomada de decisão no futebol.

Conforme previamente exposto, a interdependência entre os sujeitos apresenta-se central nos contextos de ação em grupo – similarmente ao jogo de futebol – porque ela forma a estrutura que guia as interações (JOHNSON; JOHNSON, 2005) orientando-as para um objetivo coletivo. Como exemplo, no jogo de futebol, processos de marcação zonal frequentemente se amparam na proteção a regiões mais perigosas à baliza como conceito norteador do processo defensivo (AMIEIRO, 2004). Nesse contexto, comportamentos defensivos zonais associam-se à indução das movimentações adversárias às zonas de menor perigo, nomeadamente as beiradas do campo de jogo (AMIEIRO, 2004; TEOLDO; GUILHERME; GARGANTA, 2015). Esse processo defensivo ampara-se em princípios táticos, a exemplo da cobertura e equilíbrio defensivo, os quais refletem o conhecimento tático – específico – dos atletas da modalidade em interação com o ambiente e a tarefa (NITSCH, 2009). No entanto, diante da extensão territorial do campo de futebol e do número de adversários a serem marcados, o alcance desse objetivo da equipe só se dá com base na cooperação, criando assim um contexto de interdependência entre os sujeitos da equipe. Caso contrário, o plano individual de ação – mesmo que orientado por princípios táticos adequados - se revelaria pouco eficiente para o estabelecimento desse tipo de marcação.

Usualmente, caracteriza-se o jogo como um sistema composto por múltiplos sistemas à luz dos fractais, parte da abordagem conhecida como Teoria do Caos (GLEICK, 1990) (para maiores detalhes, recomenda-se o livro *Periodização Tática: o futebol arte alicerçado em critérios* (PIVETTI, 2012)). Nesse ponto, o conceito dos princípios táticos é normalmente apresentado, em aulas e cursos, com recurso à "metáfora do bolo". Torcendo para que o leitor não esteja com fome, recorreremos à mesma metáfora, ampliando-a, contudo, para o entendimento do papel que cada nível dos princípios táticos na caracterização que o jogar possui. Ainda, como a esta altura o capítulo apresenta-se um tanto quanto denso do ponto de vista teórico, entendemos que tal metáfora permitirá uma visão mais clara da concepção dos princípios táticos no futebol.

Imagine que a você foi dada a árdua tarefa de preparar um bolo de chocolate para o aniversário de um membro da família (seu filho, por exemplo). Seu objetivo é gerar um bolo saboroso, claramente classificado pelo público como "bolo de chocolate", mas que possua algo especial, algo que permita que aquele seja o "bolo de chocolate do Fulano", de forma que todos da família sempre peçam para que o bolo seja repetido nas ocasiões futuras (o que pode não ser tão bom assim para você...).

Na fase inicial de preparação do bolo, um cuidado deve ser tomado. Esse cuidado visa a garantir que o fogão da sua casa esteja funcionando e que, é claro, você possua gás suficiente para levar a tarefa até o final. Nesse ponto é impossível distinguir se você fará um bolo ou um cozido de legumes, mas sem esse requisito (forno funcionando) seu projeto não poderá avançar. É esse o papel que os **princípios táticos gerais** apresentam no futebol. Apesar de inespecíficos para o jogar, criam as bases para atuação em qualquer esporte, incluído (mas não se restringindo) o futebol.

Na sequência você inicia a compra dos ingredientes. Nessa fase você comprará ingredientes bastante variados, os quais permitem que você faça um bolo de chocolate, mas permitem diversas outras receitas (as quais normalmente descobrimos acidentalmente quando o bolo de chocolate dá errado). Na fase mais direcionada à preparação do bolo, já não é mais possível elaborar o cozido de legumes. Fica claro que sua missão, vista por alguém de fora, está próxima à produção de um bolo. O papel que os **princípios táticos operacionais** exercem é semelhante a essa fase da preparação. Eles ainda não caracterizam a especificidade do futebol, nem permitem diferenciar características de jogo de uma equipe, mas permitem a base para a atuação em qualquer jogo esportivo coletivo de invasão. Porém não faz sentido sair para comprar os ingredientes se você não possuir um fogão que permita adequado preparo do bolo; de maneira análoga, enfatizar o treinamento de princípios táticos operacionais sem adequado domínio de princípios táticos gerais não nos parece um bom caminho.

Comprados os ingredientes, você inicia a parte final da preparação do bolo. Começa a misturar os ingredientes em uma vasilha, pré-aquece o forno e, após, coloca o tabuleiro com a massa dentro do fogão. Nesse momento, todos sabem que você está preparando um bolo, embora não seja possível saber se ficará bom. A partir do momento em que a massa vai para o forno, qualquer alimento alternativo que poderia ser produzido com os mesmos ingredientes deixa de ser uma possibilidade. Caminha-se, assim, para o produto final, específico. Esse é o papel que os **princípios táticos fundamentais** possuem no jogo de futebol. Eles permitem a clara separação das exigências táticas do jogo de futebol em relação aos demais jogos esportivos coletivos de invasão. Os indicadores de desempenho presentes em cada princípio tático fundamental (TEOLDO *et al.*, 2009) são específicos em relação ao jogar característico do futebol (fortemente determinado pelos componentes regulamentares da modalidade). É nesse momento que o caminho para a especialização na modalidade se faz latente. Assim como não é possível preparar um bolo sem possuir um fogão e sem comprar os ingredientes anteriormente, não é possível atingir um bom nível na execução dos princípios táticos fundamentais sem um adequado domínio dos princípios táticos operacionais e gerais do jogo.

Por fim, após retirar o bolo do forno, chega a hora de confeitá-lo. É nessa fase que o bolo passará a ter a "cara do cozinheiro". Até esse momento, qualquer pessoa que utilizasse os mesmos ingredientes e seguisse todos os passos da receita teria chegado a um resultado bastante próximo (embora nossa memória insista em nos dizer que o bolo da casa dos nossos avós ou pais é melhor do que o nosso...). Contudo, felizmente, não há tantas receitas para confeitar o bolo, momento em que a "veia artística" pode aflorar. Nesse contexto, você pode utilizar balas e doces, ao passo que outra pessoa pode fazê-lo com coco ralado e pedaços de chocolate. Ambos terão feito um delicioso bolo de chocolate, embora cada bolo seja intrinsicamente diferente do outro. Esse papel, no futebol, cabe aos **princípios táticos específicos**, os quais permitem caracterizar o Modelo de Jogo de uma equipe. Assim como dito anteriormente, não faz sentido confeitar um bolo que você sequer se deu ao trabalho de preparar (em todas etapas previamente descritas), assim como não faz sentido pensar no aprofundamento em um Modelo de Jogo sem o domínio dos princípios táticos fundamentais, operacionais e gerais do jogo.

Após a breve explanação culinária, avançamos para o entendimento dos conceitos que caracterizam os grupos de princípios táticos. Embora didaticamente separados, os diferentes grupos de princípios táticos (Gerais, Operacionais, Fundamentais e Específicos) apresentam fina interação, conforme apresentado na figura 3.

Figura 3 - conteúdos do treino tático no futebol

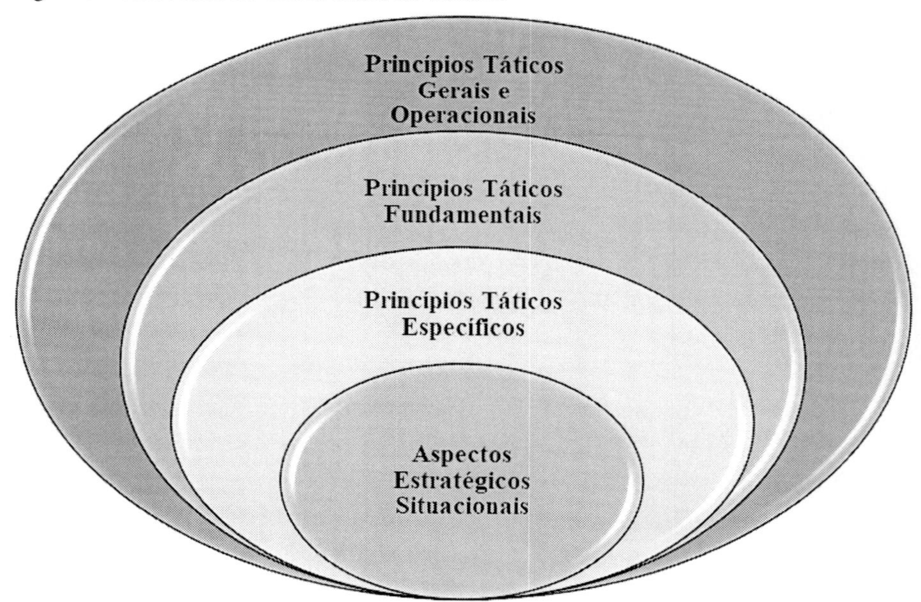

Fonte: os autores

A figura permite duas reflexões importantes para o processo de treino da tática no futebol. Em um primeiro ponto, perceba que conteúdos de maior especificidade estão circunscritos àqueles de menor especificidade. Isso implica que o correto desenvolvimento do Princípio Tático Específico de defesa, caracterizado como "Temporização" (conceito apresentado na sequência do capítulo), depende que os atletas dominem a execução dos

Princípios Táticos Fundamentais, Operacionais e Gerais e que aspectos estratégicos e situacionais (planos de jogo, por exemplo) não serão bem executados se atletas não possuem profundo conhecimento decisional na modalidade – amparado nos princípios táticos fundamentais.

O segundo ponto apresentado na figura refere-se à magnitude dos conteúdos apresentados aos atletas no processo de formação esportiva. A inexistência ou reduzida especificidade de currículos de formação em diversos clubes formadores no futebol brasileiro permite que o processo seja integralmente guiado pelas preferências pessoais de treinadores – fortemente pressionados pelo alcance de resultados positivos (medidos, infelizmente, em vitórias em vez da qualidade dos atletas formados). Nesse contexto, observa-se ênfase prematura em aspectos estratégicos e situacionais do jogo, em detrimento de uma formação ampliada do atleta para atuação no futebol. Assim, treinadores preocupam-se em ensinar atletas "como se comportar face adversários que baseiam o momento ofensivo no jogo direto" sem se preocupar em ensiná-los com profundidade princípios táticos fundamentais como contenção e unidade defensiva. O resultado é a dificuldade dos atletas em acessar níveis superiores do jogo, na medida em que, mesmo conhecendo todas variantes estratégicas da equipe, apresentam-se incapazes de aplicá-las no jogo. Assim, a figura sugere uma progressão dos conteúdos de forma que os anos iniciais do processo de formação sejam fortemente amparados em Princípios Táticos Gerais, Operacionais e Fundamentais (até sub-15), para permitir a progressão para o aprofundamento acerca dos Princípios Táticos Específicos e aspectos estratégicos e situacionais do jogo a partir da categoria sub-17[2].

Princípios Táticos Gerais e Operacionais referem-se aos JEC, incluindo, portanto, o futebol; mas não permitem ao treinador conceber exclusivamente a realidade do futebol durante seu processo de ensino. Nas fases de iniciação esportiva, recomenda-se ênfase do ensino nos Princípios Táticos Gerais e Operacionais, além de capacidades táticas básicas comuns aos JEC (para mais detalhes, ver KROGER; ROTH, 2002).

Na sequência, são propostos os Princípios Táticos Fundamentais, discutidos e aprofundados por Teoldo *et al.* (2009). Esses princípios garantem a especificidade do futebol face aos demais JEC, na medida em que sua matriz de orientação está fortemente vinculada ao contexto regulamentar

[2] Ressalta-se, contudo, que os conteúdos específicos do modelo de jogo PODEM fazer parte de todas etapas do processo de formação esportiva do atleta. Apenas a ÊNFASE prematura nesses conceitos é aqui questionada.

da modalidade. Nesse contexto, Princípios Táticos Fundamentais apresentam-se basilares no treino tático específico para o futebol. Assim se sugere que a fase inicial do processo de especialização na modalidade contemple amplamente o treinamento desses princípios, de forma a fornecer bases para a ação decisional em alto nível, independente do Modelo de Jogo adotado.

Os Princípios Táticos Fundamentais, apesar de característicos do futebol, não permitem adequada distinção entre Modelos de Jogo. Essa distinção é feita por meio dos Princípios Táticos Específicos, elaborados conforme concepção do treinador para o jogador pretendido para a equipe (SILVA, 2008; TAMARIT, 2007). Tais princípios dependem sensivelmente de uma boa capacidade dos atletas em executar Princípios Táticos Gerais, Operacionais e Específicos, motivo pelo qual a recomendação é que uma elevada ênfase nesse conteúdo se inicie apenas após a categoria sub-15.

2.2 PRINCÍPIO TÁTICO GERAL

Textos prévios optaram pela didática divisão dos princípios táticos gerais em três construtos: criar superioridade numérica; evitar igualdade numérica; impedir inferioridade numérica (TEOLDO *et al.*, 2009). Embora didaticamente coerente, no jogo, face aos processos heurísticos de tomada de decisão apresentados e discutidos no capítulo 1, não cabe ao atleta *escolher* pela execução de um princípio (como pode ser observado nos grupos seguintes). De maneira heurística, ele tenta satisfazer a condição mais vantajosa possível, passando naturalmente ao nível seguinte caso empecilhos ao nível atual sejam encontrados. Na prática, o atleta sempre tentará criar superioridade numérica, o que implica evitar a igualdade. Se criar a superioridade numérica se fizer improvável em determinada condição, caberá a ele passar ao próximo nível, buscando impedir a igualdade numérica por meio de movimentações que garantam a equidade numérica (equilíbrio numérico). Assim, embora conceitualmente diferentes, os princípios associam-se em uma lógica hierárquica que favorece processos heurísticos de tomada de decisão. A ênfase no treinamento dos princípios táticos gerais se faz possível por meio da manipulação da equidade numérica entre as equipes (ex.: uso de curingas, jogadores adicionais ou paredes), o que permite evidenciar o problema da gestão do número de jogadores nas principais regiões do campo de jogo.

2.3 PRINCÍPIOS TÁTICOS OPERACIONAIS

Os Princípios Táticos Operacionais caracterizam a lógica objetiva da ação nos jogos esportivos coletivos – com clara ênfase nos esportes de invasão. Por meio deles, entende-se facilitar o alcance coletivo dos objetivos propostos em cada fase/momento da partida.

Os Princípios Táticos Operacionais são divididos entre ataque e defesa – apenas didaticamente, uma vez que no jogo as ações caracterizam díades indissociáveis, isto é, só há preocupação em progredir com bola na medida em que há adversários preocupados em impedir a progressão. Porém, de maneira didática, os princípios táticos operacionais se manifestam pela relação entre objetivo e regulamento do jogo de futebol. Dessa forma, a equipe na fase ofensiva deve: **a) buscar a conservação da posse de bola**; **b) busca progressão dos jogadores e da bola até a meta adversária**; **e c) buscar o ataque à meta adversária** (isto é, criar situações de finalização). Na fase defensiva, as equipes buscam, em contrapartida: **a) a recuperação da posse de bola**; **b) o impedimento da progressão dos jogadores adversários e da bola até o próprio gol**; **e c) proteção da própria meta (impedir a finalização)**, conforme publicação original de Bayer (1994). Em destaque temos, dessa forma, os seis princípios táticos operacionais.

Do ponto de vista do treinamento tático, sugere-se que as diferentes manifestações dos princípios operacionais sejam vivenciadas pelos atletas a partir da manipulação do objetivo do jogo. Por exemplo, a ênfase na díade manutenção da posse de bola-recuperação da posse de bola pode ser alcançada por meio da utilização de jogos reduzidos sem alvos definidos (por exemplo, jogo dos 10 passes). Por outro lado, ênfase na díade criação de oportunidades de finalização-impedir a finalização pode ser alcançada pelo estabelecimento de regras no jogo que estimulem a busca pela progressão em detrimento da valorização da posse de bola. Uma possibilidade para essa regra pode ser vista na atividade 6, no último capítulo do livro.

2.4 PRINCÍPIOS TÁTICOS FUNDAMENTAIS

Os princípios táticos fundamentais caracterizam a especificidade do jogo de futebol face aos demais Jogos Esportivos Coletivos. Refletem a resposta face à necessidade de gestão do espaço de jogo em consonância com o regulamento da modalidade. Os princípios táticos fundamentais representam um conjunto de regras de base que orientam as ações dos jogadores e da equipe nas duas fases do jogo (defesa e ataque), com o objetivo de criar desequilíbrios na organização da equipe adversária, estabilizar a organização da própria equipe e propiciar aos jogadores uma intervenção ajustada no "centro de jogo" (TEOLDO *et al.*, 2009). No entanto cabe ressaltar que o entendimento dos princípios táticos enquanto regras de ação não deve apresentar significativo restritivo na ação dos jogadores. Na prática, os princípios são os caminhos para alcançar decisões eficientes e eficazes no campo de jogo, devendo, portanto, ser aplicados pelos jogadores (e não resultantes de movimentações pré-planejadas que enrijecem a possibilidade decisional do atleta). Diante disso, treinar para a execução dos princípios táticos fundamentais é, essencialmente, treinar os atletas para decidir, e não os treinar para executar repetidamente (e não criticamente) ações durante o jogo formal.

As definições apresentadas dos princípios táticos amparam-se na vasta obra Núcleo de Estudos em Futebol (Nupef), da Universidade Federal de Viçosa, por intermédio das ações do professor Israel Teoldo da Costa. Além da atualização dos conceitos já apresentados anteriormente na literatura (CASTELO, 1996), o principal avanço possibilitado pelo supracitado grupo centrou-se na criação de um sistema de observação que permitisse a avaliação da capacidade dos atletas no cumprimento dos princípios táticos fundamentais durante o processo de treino, o Sistema de Avaliação Tática no Futebol – FUT-SAT (para mais detalhes, recomendamos a leitura de TEOLDO *et al.*, 2011). Para além da proposta previamente apresentada por esse grupo na literatura, acrescentar-se-ão informações referentes aos sinais relevantes considerados centrais para a decisão dentro de cada princípio. Compreende-se que o estabelecimento desses sinais relevantes permitirá a correta aplicação do Modelo Pendular do Treinamento Tático-Técnico ao futebol (vide capítulo 4).

Embora os princípios táticos sejam individualmente avaliados por meio do Sistema de Avaliação Tática no Futebol (TEOLDO *et al.*, 2011a), entende-se que sua execução ampara-se em uma lógica coletiva do jogar. Assim, ações restritas ao centro de jogo (por exemplo, penetração e contenção) refletem em diferentes demandas comportamentais para atletas distantes do centro de jogo (por exemplo, em unidade ofensiva ou defensiva). Dessa forma, o entendimento não analítico dos princípios de jogo, durante o processo de treino, apresenta-se como importante caminho para o desenvolvimento de uma efetiva capacidade de leitura de jogo dos jogadores durante a partida, permitindo que eles criem relações entre os conceitos e optem, durante o jogo, pela realização do princípio tático que melhor responda à situação-problema apresentada.

2.4.1 Penetração

As ações de penetração se caracterizam pela progressão da bola no campo de jogo por meio da ação do portador da bola. Essa progressão, no sentido da baliza adversária, pode acontecer por meio de um passe positivo (aquele que alcança o colega de equipe), por meio da condução da bola/drible, ou por meio de um remate enquadrado à baliza (chute). A figura a seguir exemplifica a ação de penetração (TEOLDO *et al.*, 2009). Nesse princípio ressalta-se o manejo da bola como importante requisito técnico para ação; portanto o treinamento por meio de tarefas de desvio da atenção tático-técnico (vide capítulo 4 para maiores detalhes) apresenta-se como importante alternativa para a prática.

Indicadores de desempenho: propiciar remate, passe ou drible (TEOLDO *et al.*, 2009).

Sinais relevantes: posição corporal do defensor que faz contenção (facilita ou dificulta o drible/condução?); linhas de passe curtas, médias e longas; presença ou não de cobertura defensiva efetiva (indicativo da dificuldade de progressão por drible/condução).

Figura 4 - Penetração

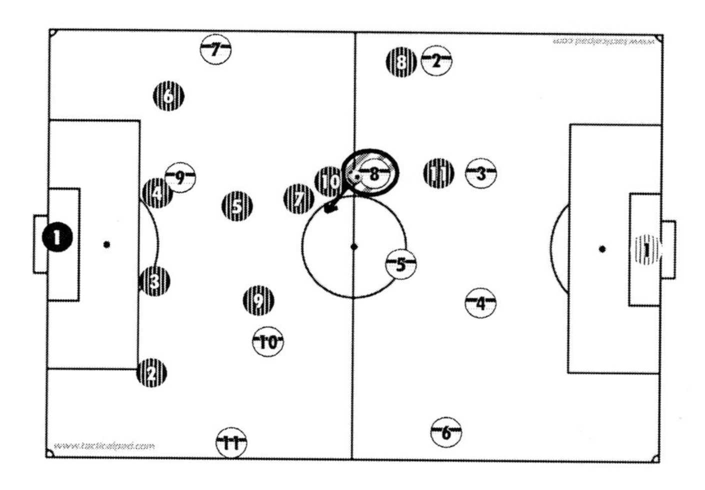

Fonte: os autores

2.4.2 Cobertura Ofensiva

A cobertura ofensiva caracteriza-se pelo oferecimento de suporte ao jogador de posse da bola, de forma a conferir à equipe no ataque maior possibilidade de manutenção da posse de bola e de progressão no campo de jogo (TEOLDO *et al.*, 2009). A ação de cobertura acontece prioritariamente dentro do centro de jogo, caracterizando-se como a primeira linha de passe que o portador da bola possui. Pode ser realizada no sentido da progressão da bola (à frente da linha da bola) ou com vistas (ainda que apenas na ação subsequente) à manutenção da bola (atrás da linha da bola). A figura a seguir exemplifica a ação de cobertura ofensiva.

Figura 5 - Cobertura Ofensiva

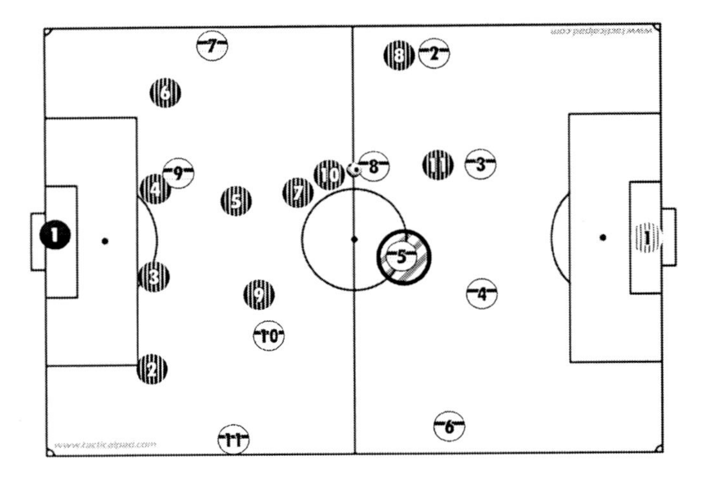

Fonte: os autores

Indicadores de desempenho: garantir linha de passe; reduzir pressão ao portador; permitir possibilidade de remate (TEOLDO *et al.*, 2009).

Sinais relevantes: posição do jogador com bola (a linha de passe criada é efetiva?); posição do gol adversário; posição do atleta em contenção; presença ou não de cobertura defensiva.

2.4.3 Espaço sem bola

Originalmente, o Princípio Tático Fundamental de espaço incluiu os conceitos de espaço com e sem bola. Contudo, ao analisar-se a grelha de observação dos princípios (TEOLDO *et al.*, 2009), observa-se que há indicadores de desempenho distintos para ações de espaço com e sem bola, o que se traduz, na nossa visão, na necessidade do treinamento de diferentes sinais relevantes para a ação. Diante disso, optamos por, didaticamente, subdividir a apresentação do princípio de espaço em Espaço Sem Bola e Espaço com Bola.

A ação de espaço sem bola visa à ampliação do espaço efetivo de jogo em largura e profundidade (TEOLDO *et al.*, 2009). Esse princípio deve permitir à equipe uma racional ocupação do campo de jogo, ampliando as possibilidades de construção ofensiva e dificultando a gestão do espaço pela defesa adversária. O princípio tático de espaço sem bola se caracteriza pelas ações realizadas entre o portador da bola e o último defensor adversário, compreendendo, comumente, uma grande área de jogo. Dessa forma, esse princípio apresenta-se como um dos mais comumente observados no jogo de futebol. A figura a seguir apresenta um exemplo de cumprimento do princípio.

Figura 6 - Espaço sem bola

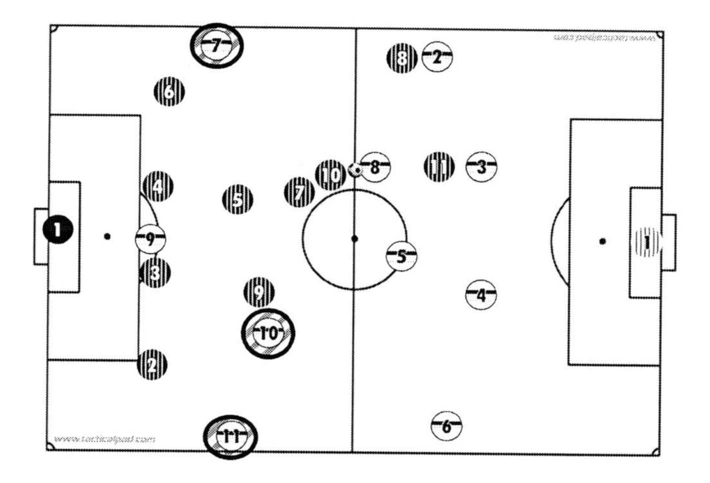

Fonte: os autores

Indicadores de desempenho: ampliar o espaço de jogo em largura; ampliar o espaço de jogo em profundidade; criar espaços para movimentação dos colegas de equipe (TEOLDO *et al.*, 2009).

Sinais relevantes: posição do portador da bola (a linha de passe criada é efetiva?); posição dos defensores durante a basculação defensiva (ocupar espaços não óbvios pela defesa); posição da última linha de defesa (observar regra do impedimento).

2.4.4 Espaço com bola

O princípio de espaço com bola, originalmente definido dentro do conceito geral de espaço, caracteriza-se pela ação do portador da bola em aumentar a distância entre a bola e a baliza adversária, seja por uma condução/drible, seja por um passe para trás. Similarmente à ação de penetração, no espaço com bola, o manejo da bola apresenta-se como problema tático-técnico a ser resolvido pelos jogadores, motivo pelo qual tarefas com exigência tático-técnica apresentam-se como importante recurso para o treinamento. Esse princípio é normalmente executado pelos jogadores nas situações de ataque em que a progressão no sentido do gol adversário é impossibilitada pela ação defensiva, de forma a reiniciar o transporte da bola por outro caminho (na outra lateral do campo, por exemplo), ou obrigar os defensores a modificar o comportamento (subir a linha), permitindo a criação de novos espaços para a gestão do ataque. A figura a seguir apresenta um exemplo de cumprimento do princípio tático fundamental de Espaço com Bola.

Figura 7 - Espaço com bola

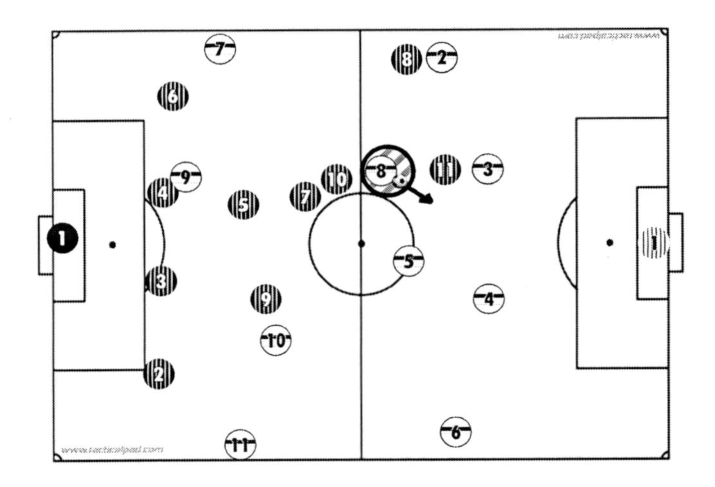

Fonte: os autores

Indicadores de desempenho: levar a bola para pontos de menor pressão (TEOLDO *et al.*, 2009).

Sinais relevantes: posição do jogador que faz contenção; posição dos colegas de equipe que realizam cobertura defensiva e unidade defensiva; posição no campo de jogo relativo à própria baliza e à baliza adversária (no intuito de definir qual o sentido da ação do espaço, gerando máximo benefício para o ataque e menores riscos no caso da perda da bola e da necessidade de transição defensiva).

2.4.5 Mobilidade

O princípio tático fundamental de Mobilidade se caracteriza pelas ações de ruptura na última linha de defesa adversária (TEOLDO *et al.*, 2009). Esse princípio possui estreita relação com a regra do impedimento, na medida em que o *timing* da movimentação deve permitir ao atacante a obtenção de vantagens posicionais sob o defensor sem, porém, conduzir à infração regulamentar. A figura a seguir apresenta um exemplo de ação de mobilidade.

Figura 8 - Mobilidade

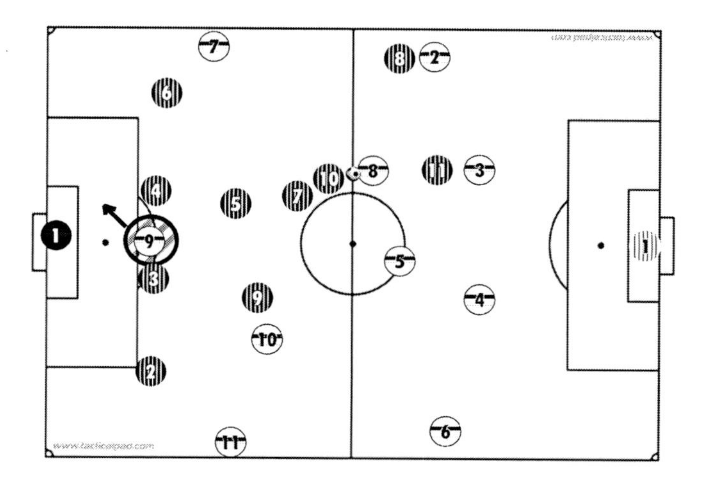

Fonte: os autores

Indicadores de desempenho: possibilidade passe de profundidade; ampliar o espaço de jogo nas costas da defesa (TEOLDO *et al.*, 2009).

Sinais relevantes: posição do último defensor; situações regulamentares especiais (laterais e tiros de meta) x situações comuns (faltas e jogo contínuo); distância em relação ao gol adversário; momento do passe.

2.4.6 Unidade Ofensiva

O princípio tático da Unidade Ofensiva, conceito proposto recentemente na literatura (TEOLDO *et al.*, 2009), preconiza o estabelecimento de uma lógica funcional coletiva para a atuação dos jogadores no ataque. Essa lógica deve prever uma racional ocupação do espaço de jogo de forma a assegurar adequada retaguarda aos jogadores envolvidos no ataque, nomeadamente realizada pela última linha de defesa, de forma a garantir efetiva participação no ataque (em situações de circulação da bola em largura, por exemplo) e facilitada disposição espacial no caso de uma transição ofensiva. Sua ocorrência depende de uma intricada capacidade de comunicação (não necessariamente verbal) entre os jogadores envolvidos, de forma a aproximar a equipe do centro de jogo de maneira unificada. Também se observa a execução da ação de unidade ofensiva quando jogadores atrás da linha da bola, do lado contrário do campo de jogo (e.g., lateral esquerdo em uma situação na qual o lateral direito está em posse da bola), aproximam-se do corredor central para aumentar as chances de participação efetiva e reduzir a possibilidade de ações de penetração e mobilidade em caso de perda da posse de bola. A figura a seguir representa a realização da ação de unidade ofensiva na medida em que a última linha de defesa se aproxima do portador de bola, conferindo-lhe novas alternativas para a organização ofensiva.

Figura 9 - Unidade Ofensiva

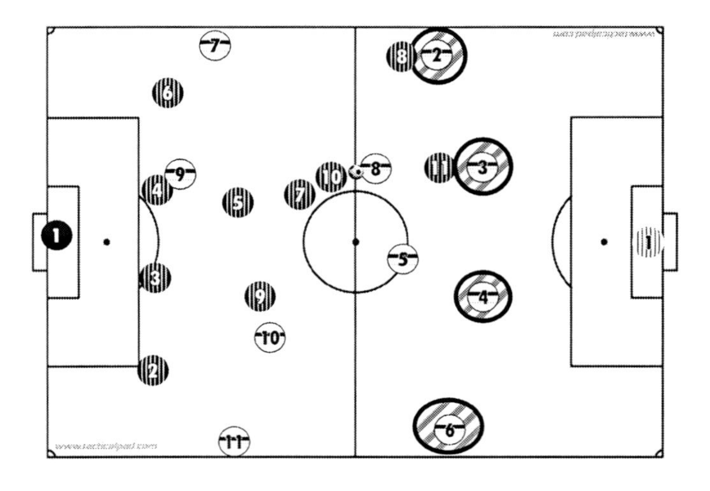

Fonte: os autores

Indicadores de desempenho: aproximar a equipe ao centro de jogo; participar da ação subsequente; contribuir atrás da linha da bola; auxiliar a equipe a avançar no meio-campo ofensivo (TEOLDO *et al.*, 2009).

Sinais relevantes: situação da linha de defesa (quantidade de companheiros de equipe); posição dos companheiros de equipe; posição da bola.

2.4.7 Contenção

O princípio da contenção representa a resposta da equipe de defesa face à tentativa de realização do princípio tático fundamental de penetração. A contenção refere-se basicamente à ação do defensor mais próximo à bola no intuito de restringir as possibilidades de passe e progressão da bola pelo time no ataque (TEOLDO *et al.*, 2009). No caso da contenção, elementos fundamentais para sua correta realização centram-se na adoção de um posicionamento corporal defensivo capaz de direcionar a ação do atacante para regiões menos perigosas do campo de jogo. Nesse caso, a realização da contenção é fortemente orientada por características individuais, ambientais e contextuais (situacionais) da penetração executada pelo atacante. A figura a seguir representa a condição espacial para a realização de uma ação de contenção.

Figura 10 - Contenção

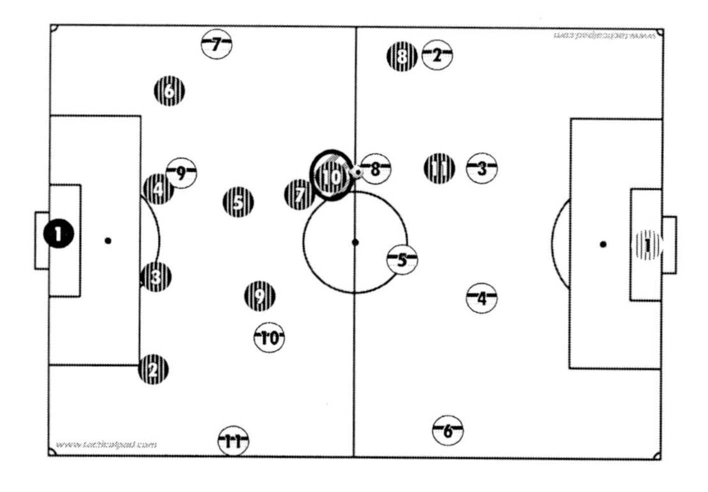

Fonte: os autores

Indicadores de desempenho: impedir o remate; impedir a progressão; retardar ação do oponente; direcionar o adversário para zonas de menor risco (TEOLDO *et al.*, 2009).

Sinais relevantes: perna dominante do jogador com bola; local do campo; presença ou não de cobertura defensiva; preferências individuais do jogador com bola (por condução/drible ou passe, por exemplo).

2.4.8 Cobertura Defensiva

O princípio tático fundamental de Cobertura Defensiva se caracteriza pelo fornecimento de apoio ao marcador do jogador com bola (TEOLDO *et al.*, 2009). Esse apoio deve permitir, à equipe em defesa, uma segunda contenção (caso o primeiro defensor seja superado pelo atacante), bem como um efetivo direcionamento do ataque para regiões de menor risco à defesa (nomeadamente as laterais do campo de jogo). Sua realização se dá dentro do centro de jogo, de forma a conferir suporte efetivo em condições de ruptura ofensiva do jogador com bola. Dessa forma, a correta execução do princípio deve permitir um posicionamento de suporte entre a bola e o gol a defender, conforme exemplificado na figura a seguir.

Figura 11 - Cobertura Defensiva

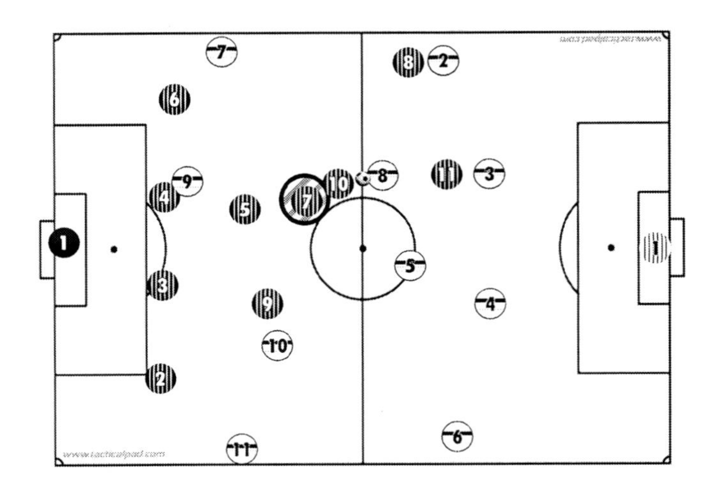

Fonte: os autores

Indicadores de desempenho: posicionamento entre a contenção e a baliza; possibilitar segunda contenção; obstruir linhas de passe (TEOLDO *et al.*, 2009).

Sinais relevantes: condição do jogador que realiza a condução (probabilidade de ser vencido pelo jogador com bola); posição no campo do jogador que realiza a penetração; características do jogador que realiza a penetração; deslocamento de adversários dentro ou próximo ao centro de jogo.

2.4.9 Equilíbrio Defensivo

Similarmente ao observado nas ações de ataque, ações de equilíbrio defensivo e equilíbrio de recuperação foram, historicamente, enquadradas dentro do conceito de princípio tático fundamental de Equilíbrio. Apesar de intimamente relacionadas, novamente entende-se haver indicadores específicos de desempenho para cada ação, o que demanda dos atletas a percepção de diferentes sinais relevantes. Dessa forma, a apresentação dos dois princípios será separada neste livro, permitindo maior especificidade na definição dos conceitos.

O princípio tático fundamental de Equilíbrio Defensivo se caracteriza pela tentativa dos atletas na defesa de garantir uma estabilidade defensiva nos setores laterais ao centro de jogo de forma a garantir, aos jogadores que executam a contenção e a cobertura defensiva, adequado apoio na sequência do processo ofensivo (TEOLDO *et al.*, 2009). Sua ação é executada pelos jogadores que se encontram à frente da primeira linha de defesa e a linha da bola, de forma a garantir equilíbrio em largura e profundidade no espaço de jogo. Além da marcação dos jogadores no ataque sem bola (por meio de encaixes individuais), o conceito do princípio é imbricado pela lógica coletiva do processo defensivo. Assim, subentende-se que acompanhamentos individuais de jogadores que trazem pouco risco à baliza encontram-se em um segundo nível, na medida em que o fechamento de espaços – de maneira coletiva – é o principal direcionamento da ação defensiva a partir do cumprimento deste princípio. Nesse contexto, cabe aos jogadores que executam ações de equilíbrio defensivo garantir equilíbrio (ou superioridade numérica) nas zonas mais perigosas do campo de jogo (nomeadamente corredores que levam diretamente ao gol), em consonância com os princípios gerais do jogo, apresentados neste capítulo. A figura a seguir exemplifica o cumprimento dos princípios em situação de encaixe individual (atleta número 9) e de basculação defensiva (atleta número 8).

Figura 12 - Equilíbrio defensivo

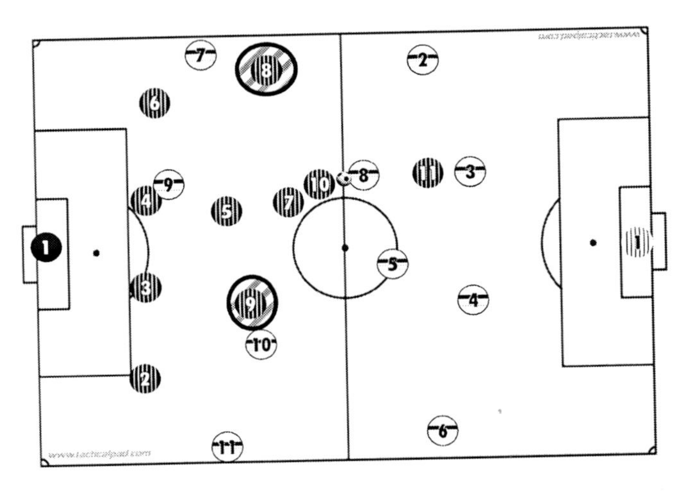

Fonte: os autores

Indicadores de desempenho: estabilizar zonas laterais ao centro de jogo; obstruir linhas de passe (TEOLDO *et al.*, 2009).

Sinais relevantes: posição da bola em relação ao gol (quais são as regiões mais perigosas?); deslocamento dos jogadores sem bola no ataque.

2.4.10 Equilíbrio de Recuperação

De maneira complementar às ações de Equilíbrio Defensivo, o princípio tático fundamental de Equilíbrio de Recuperação visa a garantir reajustes numéricos na disposição dos atletas na defesa a partir da recomposição defensiva realizada pelos jogadores que se encontram atrás da linha da bola (entre a bola e o gol a atacar). Independentemente do plano estratégico estabelecido pela equipe, cabe àqueles jogadores atrás da linha de defesa (que se encontram menos propensos a contribuir no momento de organização defensiva) buscar, por meio de ação direta no portador da bola, retardar a progressão no campo de jogo e facilitar a recomposição das linhas de defesa. Diante disso, a ação de

Equilíbrio de recuperação se caracteriza pelo retorno dos jogadores atrás da linha da bola com vistas a um combate efetivo no jogador em posse de bola. A figura a seguir exemplifica a condição de realização do princípio.

Figura 13 - Equilíbrio de recuperação

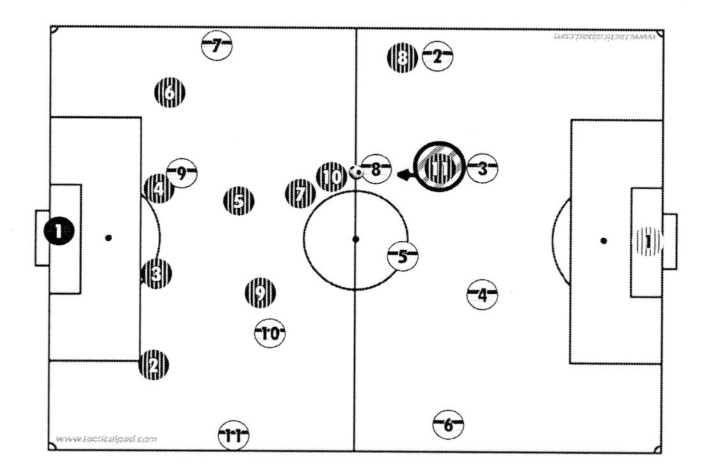

Fonte: os autores

Indicadores de desempenho: estabilizar relações numéricas na metade mais ofensiva do centro de jogo; interferir no portador da bola; obstruir linhas de passe (TEOLDO *et al.*, 2009).

Sinais relevantes: posição do jogador em posse da bola (para efetivo direcionamento do ataque pela defesa); distância entre jogador que realiza contenção e jogador que realiza penetração (análise das probabilidades de sucesso do ataque e da defesa); características individuais do portador da bola.

2.4.11 Concentração

O princípio tático fundamental da Concentração se caracteriza pela busca, dos jogadores na defesa, por maior proteção das áreas mais perigosas do campo de jogo de forma a facilitar a realização da contenção, do estabelecimento de um sistema coletivo de coberturas e, dessa forma, aumentar as possibilidades de recuperação da bola ofensivo (TEOLDO *et al.*, 2009).

As ações desse princípio ocorrem em um corredor imaginário de formato cônico que compreende a posição entre as duas traves laterais e a bola, de forma a proteger as costas dos jogadores em contenção e cobertura. Sua ação, similarmente àquela caracterizada no equilíbrio defensivo (o qual, diferentemente da concentração, compreende as zonas laterais em relação ao centro de jogo), pauta-se nas ações do indivíduo, mas deve ser orientada pelo jogo coletivo. Essa característica torna-se ainda mais latente ao constatar-se que diferentes princípios específicos para o momento de organização defensiva estabelecem "valor" diferente a cada parte do campo (conforme as prioridades estabelecidas em cada jogar pretendido, vide próximo tópico deste capítulo). Assim, cabe ao jogador sem bola concatenar os acompanhamentos individuais dos adversários nesse corredor imaginário com as prioridades coletivas estabelecidas para a equipe.

Figura 14 - Concentração

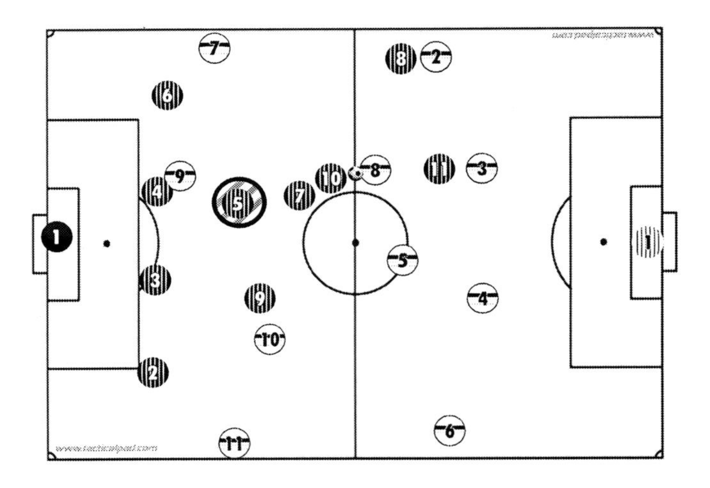

Fonte: os autores

Indicadores de desempenho: diminuir a profundidade adversária; direcionar o adversário para zonas de menor risco (TEOLDO *et al.*, 2009).

Sinais relevantes: posição da bola em relação ao gol; posição do jogador que realiza cobertura defensiva; deslocamentos dos atacantes no corredor entre a bola e o gol.

2.4.12 Unidade Defensiva

O último princípio tático fundamental a ser apresentado refere-se à Unidade Defensiva. O princípio da Unidade Defensiva, similarmente ao apontado em relação à Unidade Ofensiva, teve seu conceito recentemente sistematizado na literatura (TEOLDO *et al.*, 2009). Esse princípio caracteriza o sentido coletivo da equipe no momento da organização defensiva, na medida em que prevê a manipulação do espaço efetivo de jogo por meio da adequada utilização da regra do impedimento. Nesse contexto, a ação coletiva de avançar a última linha defensiva no campo de jogo cria um constrangimento espacial (e, portanto, temporal) para a equipe em posse de bola, facilitando ações de contenção e cobertura e, consequentemente, aumentando as possibilidades de recuperação da posse de bola. As ações de Unidade Defensiva são realizadas pela última linha de defesa, mas também compreendem os movimentos de retorno defensivo que não visem à pressão no portador da bola (as quais são caracterizadas como ações de Equilíbrio de Recuperação). A figura a seguir exemplifica uma potencial situação de aplicação do princípio de Unidade Defensiva. Por meio de uma ação coordenada entre os defensores, é possível restringir as possibilidades do atacante número 9 executar de maneira bem-sucedida o princípio da mobilidade.

Figura 15 - Unidade Defensiva

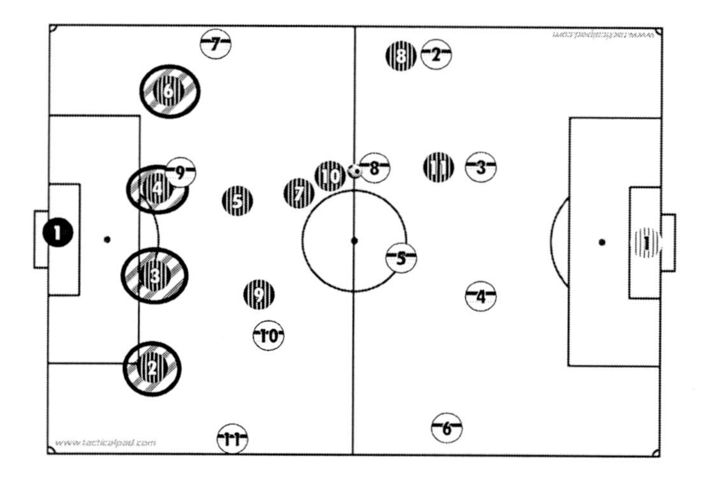

Fonte: os autores

Indicadores de desempenho: diminuir a amplitude adversária; equilibrar a organização defensiva; contribuir atrás da linha da bola; aproximar a equipe do centro de jogo; participar da ação subsequente (TEOLDO *et al.*, 2009); reduzir o espaço efetivo de jogo; reduzir as ações de Mobilidade bem-sucedidas.

Sinais relevantes: situação da linha de defesa (quantidade de companheiros de equipe); posição dos companheiros de equipe; posição da bola; presença de atacantes entre os jogadores que compõem a última linha.

2.5 PRINCÍPIOS TÁTICOS ESPECÍFICOS

Conforme previamente apresentado, os princípios táticos gerais referem-se à lógica posicional dos jogos esportivos. Por sua vez, os princípios operacionais apresentam-se intimamente ligados ao conceito dos jogos de invasão, nos quais o regulamento prevê o transporte da bola até o objetivo como caminho único para obtenção dos pontos. Já os princípios fundamentais permitem a manifestação da especificidade do futebol face aos demais jogos esportivos coletivos de invasão. Por fim, os princípios táticos específicos permitem conhecer o jogar característico de cada equipe, isto é, definir o Modelo de Jogo adotado em cada situação (TAMARIT, 2007).

Comumente observa-se, conforme discutido no capítulo inicial deste livro, que as características táticas de uma equipe são superficialmente discutidas em termo da disposição espacial dos jogadores em campo de jogo. Nesse caminho, face a um pedido para "definir taticamente uma equipe", a resposta "esta equipe joga, taticamente, em um 1-4-2-3-1" seria suficiente. Contudo, conforme já discutido, existem, dentro das plataformas de jogo, inúmeras variações que não permitem que equipes sob uma mesma plataforma sejam classificadas como taticamente semelhantes. Logo, é ao nível dos princípios táticos específicos que compõem o Modelo de Jogo de uma equipe, que as especificidades do jogar se manifestam.

Os conteúdos serão apresentados de forma a permitir uma caracterização do jogar pretendido nas diferentes fases e momentos do jogo. Dentro de cada momento serão apresentados princípios específicos norteadores do jogar pretendido. Além disso, sugere-se, principalmente no âmbito da análise de desempenho no futebol, a necessidade de considerar-se aspectos situacionais na interpretação do modelo de jogo. Como exemplo, equipes podem marcar em bloco alto, em jogos em casa, e em bloco médio ou baixo, em jogos fora de casa (influência do local de realização da partida, conforme já discutido na literatura). Ainda, variações intrajogo podem ser observadas em razão do placar momentâneo (comportamentos preferenciais em caso de empate, vitória e derrota), inferioridade e superioridade numérica (comportamentos de ajuste em caso de expulsão de um jogador da equipe ou adversário), ou em razão do momento do jogo (comportamentos padrão observados no início e no final do jogo, por exemplo). Assim, uma ampliada leitura dos princípios e conceitos que compõem um modelo de jogo, considerando tantos aspectos situacionais quanto possível, faz-se necessária para uma adequada interpretação do jogar característico de uma equipe de futebol.

2.5.1 Momento de Organização Defensiva

2.5.1.1 Caracterização

A organização defensiva de equipes de futebol se apresenta como tópico recorrente em tradicionais discussões sobre "tática" (em sua abordagem restritiva, como discutido no capítulo inicial), o que não reflete, contudo, um profundo conhecimento técnico-científico sobre o tema. Em um levantamento histórico, Amieiro (2004) indica que usualmente a marcação (confundida com o momento de organização defensiva) centrava-se em um conjunto de ações dirigidas de forma prioritária aos jogadores adversários, o que se exemplifica pelo uso corriqueiro de termos como "cada um no seu", "aperta", "acompanha"[3]. Embora a referência do adversário direto esteja sempre em voga no Momento de Organização Defensiva (na medida, é claro, que o adversário direto é responsável pela marcação dos gols), cabe-nos salientar que a organização defensiva não se resume a essas ações de encaixe individual. Nesse sentido, sugerimos, de maneira didática, um conjunto de possibilidades para a classificação desse momento de uma equipe, de forma que: a) os leitores tenham acesso a um caminho para interpretar (para além dos encaixes individuais), sistemas de jogo defensivo dos adversários (não restrito aos itens aqui apresentados, mas com indicativos de um eixo norteador); e b) compreendam conceitos de organização defensiva para além da histórica lógica de acompanhamento e encaixes individuais, a qual se tem mostrado pouco suficiente para explicar o desempenho de equipes no futebol atual.

[3] O autor utiliza outros termos nessa afirmação. Contudo optamos por adaptá-los à realidade brasileira de forma a tornar a linha de raciocínio mais clara.

2.5.1.2 Quanto à altura do bloco defensivo

A existência de um bloco defensivo preconiza o estabelecimento de planos coletivos (referências, princípios) para a gestão do espaço de jogo. Dessa forma, estabelecem-se referências espaciais para o início da ação efetiva de tentativa de recuperação da posse de bola nos setores considerados prioritários para a equipe. O estabelecimento consciente desse plano de ação permite que as ações individuais dos jogadores sejam potencializadas pelo comportamento coletivo. A seguir observa-se a divisão do campo de jogo adotada para classificação das defesas quanto à altura do bloco.

Figura 16 - setores do campo de jogo

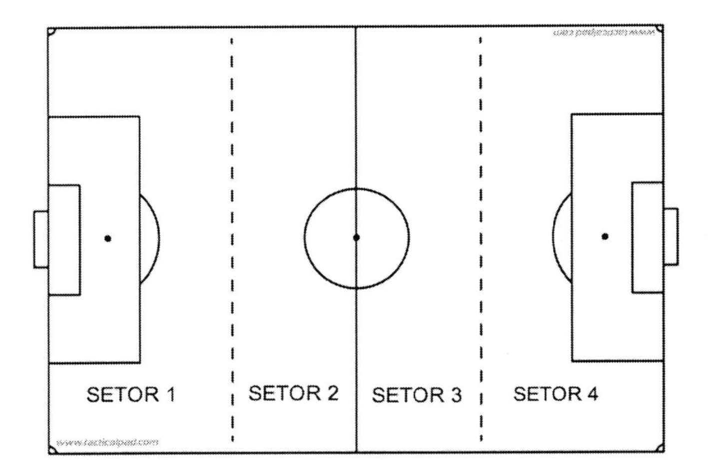

Fonte: Drubscky (2014)

Bloco Alto

A defesa em bloco alto se caracteriza por uma elevada busca pela redução no espaço efetivo de jogo disponível para a equipe adversária por meio da marcação desde o início da fase de construção ofensiva adversária. Em relação à figura 16, a defesa em bloco alto é caracterizada pelo início de ações ativas para a recuperação da posse de bola desde o setor 4, o que implica uma maior distância que a equipe adversária precisará percorrer para alcançar o gol. Para um bom funcionamento do bloco alto, espera-se, a partir da marcação em bloco alto, a redução da distância entre as linhas de defesa por meio da realização de eficientes ações de Unidade Defensiva, as quais permitirão melhor compactação defensiva e evitarão passes entre as linhas de defesa. Por outro lado, observa-se maior espaço às costas da defesa na marcação em bloco alto, o que pode resultar, caso haja má execução de princípios táticos, em problemas na contenção de ações de mobilidade da equipe adversária. Ressalta-se, por fim, a diferença entre bloco alto e zona pressionante (conceito que será apresentado na sequência do livro). Dessa forma, a marcação em bloco alto pode objetivar tanto o efetivo direcionamento do ataque adversário (em uma marcação em bloco alto – passiva ou reativa) como a imediata recuperação da posse de bola (em uma zona pressionante).

Figura 17 - Defesa bloco alto

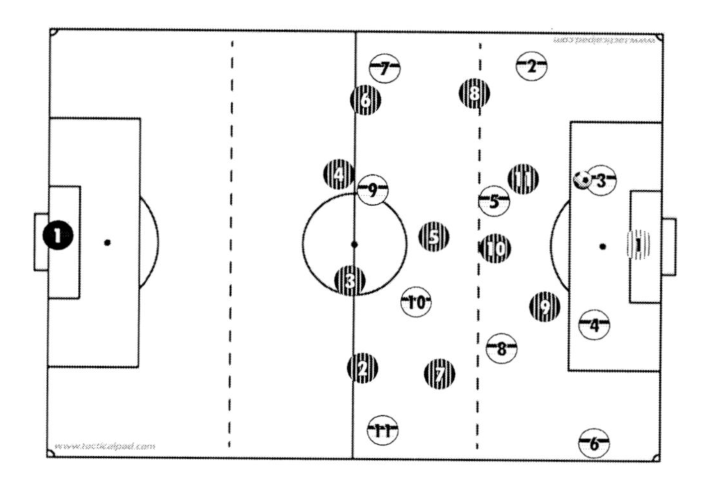

Fonte: os autores

Bloco Médio

A orientação em bloco médio, no momento de organização defensiva, caracteriza-se pela marcação efetiva a partir do setor 3 do campo de jogo, conforme figura 16. Nesse contexto, objetiva-se uma ótima relação entre espaço oferecido nas costas da defesa (reduzido em relação à marcação em bloco alto) e distanciamento dos oponentes em relação ao gol a defender (maior do que na marcação em bloco baixo).

Figura 18 - Defesa bloco médio

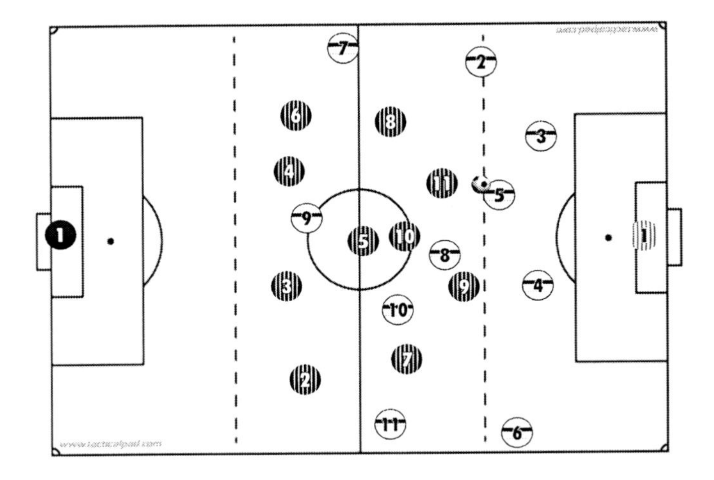

Fonte: os autores

Bloco Baixo

A orientação da organização defensiva em bloco baixo busca garantir elevada proteção à baliza a defender por meio da concentração de jogadores nas regiões de maior probabilidade de obtenção de gols. Usualmente, a marcação em bloco baixo é caracterizada pelo início de ações efetivas de defesa direcionadas ao portador da bola no setor 1 e 2 do campo de jogo (figura 16). A marcação em bloco baixo apresenta-se como alternativa estratégica para equipes que pretendem enfatizar situações de transição ofensiva para marcação de gols, em situações de desvantagem numérica (jogador expulso), ou em contextos de superioridade no placar, nomeadamente nos momentos finais de jogo.

Figura 19 - Defesa bloco baixo

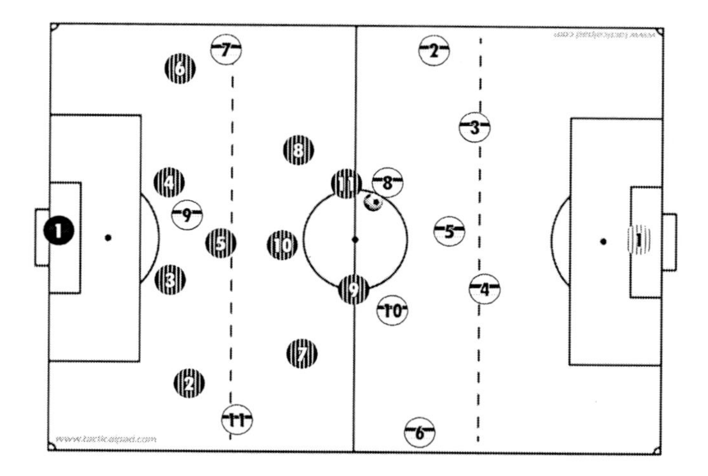

Fonte: os autores

2.5.1.3 Quanto ao tipo – Princípios táticos

Defesa Individual

A defesa individual no futebol se caracteriza pela movimentação dos jogadores, durante a organização defensiva, orientada prioritariamente pelo adversário direto. Nesse contexto, acompanhamentos e encaixes individuais se apresentam como principais ações dos jogadores de defesa. Se, por um lado, tem-se a ideia de que esse acompanhamento reduziria a possibilidade de ação efetiva do jogador (pela potencial intervenção do defensor); por outro lado, a inexistência de mecanismos coletivos para organização defensiva impacta no baixo potencial de oferecimento de ajudas, dobras e coberturas, o que induz à criação de contextos favoráveis à organização ofensiva adversária.

Apesar de pouco utilizada no futebol de alto rendimento, a defesa individual apresenta importantes vantagens, se utilizada como recurso pedagógico durante a iniciação ao futebol. Apesar deste livro não discutir diretamente o processo de iniciação esportiva, sugere-se que a marcação individual, ao ser adotada como conteúdo nas fases iniciais de prática, apresente três vantagens, as quais são discutidas a seguir.

Em um primeiro ponto, a marcação individual estimula o desenvolvimento de comportamentos de desmarque no ataque. Estudos prévios demonstram que a distância relativa do defensor traduz-se em comportamentos específicos do atacante (DAVIDS *et al.*, 2013). Nesse ponto, uma diminuição da distância interpessoal entre atacante e defensor resultaria em uma maior necessidade de que o atacante se desloque e realize fintas (corte em L, corte em V e vai-volta) de forma a desvencilhar-se do marcador direto. Assim, o uso da marcação individual como recurso pedagógico aumenta a propensão da tarefa para o aparecimento de fintas – úteis em qualquer modelo de jogo.

Além disso, sugere-se que a adoção da marcação individual como recurso pedagógico nos anos iniciais de prática permita o estabelecimento de confrontos pedagogicamente favoráveis, de forma a criar melhores ambientes de aprendizagem. Nesse ponto, recorre-se ao conceito de Zona de Desenvolvimento Proximal (VYGOTSKY, 1982) para entender que atividades com elevado nível de dificuldade, ou excessivamente banais, não se traduzem no melhor contexto para aprendizagem. Assim, ao estabelecer confrontos pedagogicamente coerentes (por exemplo, entre atletas de condições físicas similares), durante a iniciação ao futebol, têm-se ambientes propícios para aumentar o envolvimento do aluno durante a aula, bem como estimular – em um nível adequado – estruturas do conhecimento tático.

Por fim, sugere-se que a marcação individual como recurso pedagógico na iniciação apresente-se como importante contexto para vivência de capacidade táticas básicas inerentes à marcação. Tais capacidades táticas, apresentadas e discutidas previamente na literatura (KROGER; ROTH, 2002), representam a base para a ação decisional nos esportes (estando intimamente ligadas aos conceitos dos princípios táticos gerais e operacionais). Nesse ponto, confrontos individuais entre defensor e atacante aumentam a propensão da tarefa para o aparecimento de situações de "superar o adversário", por exemplo, estimulando o desenvolvimento de capacidades táticas básicas.

Não se trata, todavia, de defender a marcação individual como recurso no alto nível. Lógicas coletivas de jogo apresentam-se, no esporte atual, mais propensas a resultados positivos do que lógicas eminentemente individuais. No jogo profissional, por exemplo, o estabelecimento da marcação individual como princípio norteador da organização defensiva dificulta o estabelecimento de coberturas, traduz-se em maior desgaste físico e reduz a possibilidade de recuperação da bola pela baixa preocupação no estabelecimento de superioridade numérica nos principais setores do campo. Entretanto, como recurso pedagógico na iniciação, esse contexto apresenta-se particularmente útil – conforme discutido – para gerar propensão a alguns comportamentos que serão utilizados em contextos zonais (coletivos) de marcação.

Figura 20 - Defesa com encaixes individuais

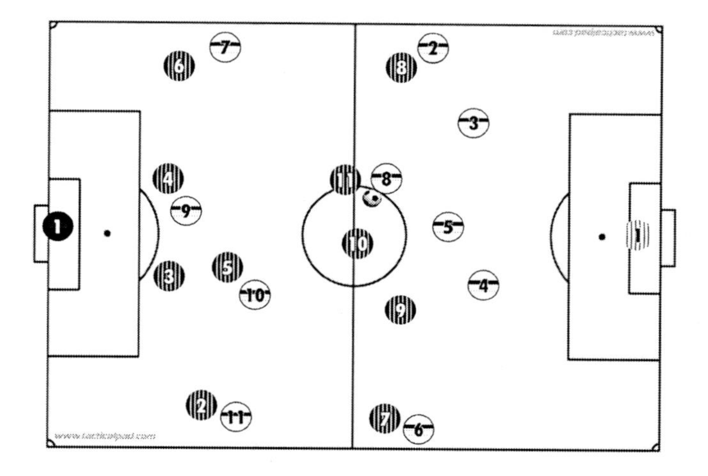

Fonte: os autores

Um recente trabalho acadêmico discutiu a influência da utilização da defesa individual na demanda física de pequenos jogos no futebol (NGO *et al.*, 2012). De maneira geral, os autores observaram que o jogo 3x3, com marcação individual, apresentou maior demanda física do que o jogo com marcação auto selecionada. Ainda que não seja objeto deste livro, na medida em que esse foi o primeiro estudo a abordar essa questão, os resultados apresentam-se interessantes para pensar o papel da marcação individual como recurso pedagógico no processo de treinamento tático no futebol. O reportado aumento da demanda física pode ser justificado tanto pela necessidade de que os atacantes sem bola criem linhas de passe por meio das ações de finta quanto que defensores realizem acompanhamentos individuais, os quais seriam substituídos por ajustes coletivos em outros contextos defensivos. Os resultados reforçam, dessa forma, o potencial desse conteúdo para, principalmente nas fases de iniciação ao futebol, legitimar a participação periférica e enfatizar a formação tática associada a conteúdos do jogo sem bola.

Princípios específicos

Acompanhamento do adversário direto

O princípio basilar da atuação dos jogadores em um contexto de marcação individual é o acompanhamento do adversário direto. Esse acompanhamento, contudo, não impede o estabelecimento de blocos de defesa (conforme tópico anterior deste livro), o que permite seu estabelecimento em setores previamente acordados do campo de jogo. Além disso, o acompanhamento do adversário direto não deve permitir elevado desajuste defensivo, na medida em que ações de flutuação e troca de marcação permitem, em um contexto de marcação individual, a criação de uma lógica organizacional da equipe (embora a ausência de princípios para realização dessa ação impacte, negativamente, na capacidade de coordenação interpessoal dos jogadores na defesa).

Figura 21 - Acompanhamento do Adversário Direto

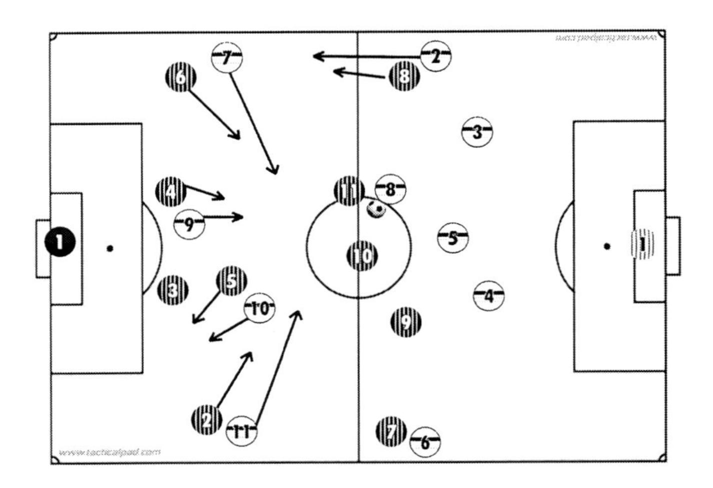

Fonte: os autores

Estabelecimento de confrontos vantajosos para a defesa

Além do acompanhamento do adversário direto, a defesa individual preconiza a necessidade de pensar-se confrontos vantajosos para a defesa no momento da definição das responsabilidades. Esses confrontos objetivam, na perspectiva da defesa, posicionar jogadores com características vantajosas para marcar determinados atletas da equipe adversária. Como exemplo, pode-se designar o zagueiro mais alto para realizar o acompanhamento, seja durante a organização defensiva, seja em momentos de bola parada, do atacante adversário mais alto. Usualmente, ainda como exemplo, pode-se atribuir ao volante de maior qualidade defensiva a responsabilidade do acompanhamento do meio-campista mais criativo da equipe adversária. Tais ajustes, porém, não podem criar uma lógica de ausência de ocupação racional no espaço de jogo, na medida em que deslocamentos pouco usuais (como o recuo do supracitado atacante, ou o deslocamento lateral do meio-campista), não criem oportunidades de progressão para a equipe adversária. Dessa forma, durante o estabelecimento de confrontos vantajosos para a defesa, sugere-se a criação de planos de suporte e o estabelecimento de princípios que orientem (ainda que incipientemente, como acontece na marcação individual), a ocupação racional do espaço de jogo.

Flutuação e trocas de marcação

Flutuação e troca de marcação são dois meios táticos de grupo presentes em diferentes Jogos Esportivos Coletivos que permitem, em um contexto de marcação individual, o estabelecimento de uma (mais) racional ocupação do espaço de jogo. A flutuação (figura 22) refere-se à movimentação, em direção ao centro do campo de jogo, dos defensores presentes no lado oposto do ataque, de forma a criar possibilidades de cobertura defensiva e, principalmente, de trocas de marcação. Essa, por sua vez, permite à equipe a realização de ajustes em situações de ruptura do ataque – seja com bola, por meio de uma ação efetiva de penetração, seja sem bola, por meio de uma ação de espaço ou de mobilidade. A troca de marcação, ainda, pode impactar nos confrontos vantajosos para a defesa previamente estabelecidos, sendo necessário, dessa forma, pensar, do ponto de vista tático-estratégico, em soluções individuais e coletivas para compensação de possíveis desajustes posicionais e estratégicos durante o jogo.

Figura 22 - Flutuação realizada pelos jogadores circulados (afastamento em relação ao oponente direto no sentido da posição da bola)

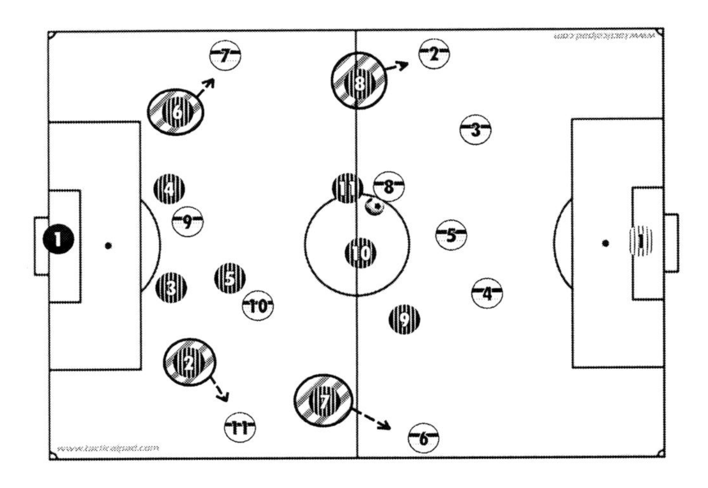

Fonte: os autores

Figura 23 - Troca de Marcação realizada entre os jogadores nº 8 e nº 9 após o jogador nº 2 realizar uma corrida em direção à linha de fundo

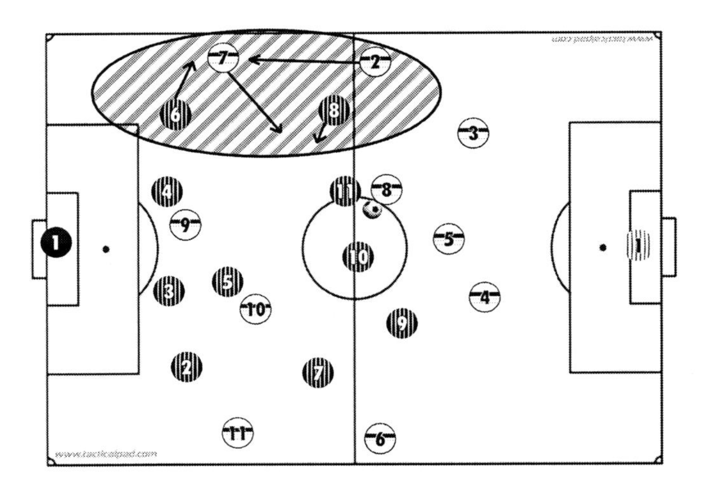

Fonte: os autores

Defesa Individual por setor

No futebol de alto nível de rendimento, faz-se necessário estabelecer um conjunto de regras que normatize a ocupação do espaço durante o momento de organização defensiva de uma equipe. Caso a única referência para movimentação dos jogadores seja a posição do adversário (como ocorre na marcação individual), pode-se observar um desarranjo posicional facilmente explorado pelas equipes adversárias. Como exemplo, observa-se, na figura 24, um elevado espaço entre zagueiro e lateral, facilmente explorável pelo extrema (camisa 8) em uma ação de mobilidade de ruptura. A necessidade de acompanhamento individual fora do setor é a principal causa para o aparecimento desses espaços. Esse desarranjo se deve à ausência de um referencial no campo para posicionamento que complemente as informações presentes no jogo a partir dos encaixes individuais. Nesse contexto, emerge a defesa individual por setor, na qual, além do posicionamento do adversário direto, tem-se o "local do campo" como referência posicional. A partir disso, estabelece-se um acompanhamento-encaixe individual em cada setor do campo, de forma a manter-se uma disposição coerente dos jogadores no campo de jogo sem a necessidade de acompanhamentos individuais em todo o campo.

Figura 24 - Desarranjo posicional na defesa individual por setor desencadeado pela movimentação dos jogadores atacantes

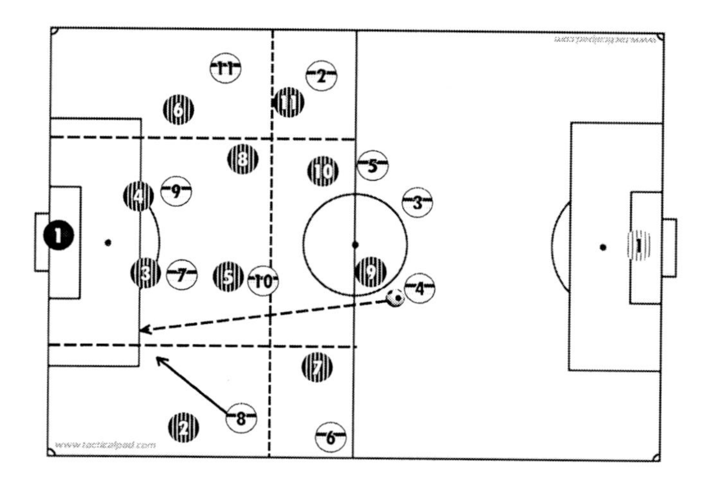

Fonte: os autores

De maneira geral, a organização defensiva, a partir da defesa individual por setor, apresenta, como vantagem para o alto nível de rendimento, a possibilidade de pensar-se a disposição dos jogadores no campo de jogo de maneira coerente (figura 25). Por outro lado, observam-se limitações nessa proposta de organização (em comparação à defesa à zona, apresentada a seguir), as quais se traduzem em, potencialmente, riscos à defesa. Nomeadamente, a defesa individual por setor apresenta-se ineficaz no direcionamento do ataque adversário para zonas de menor risco, uma vez que a necessidade de manutenção (ainda que relativa) da disposição espacial nos setores dificulta a criação de superioridade numérica em regiões previamente determinadas. Dessa forma, cabe ao ataque determinar os caminhos prioritários para progressão, o que, em uma perspectiva tático-estratégica, revela-se pouco interessante do ponto de vista da equipe em organização defensiva.

Figura 25 - Defesa organizada em um 1-4-1-4-1, com setores definidos para o acompanhamento individual

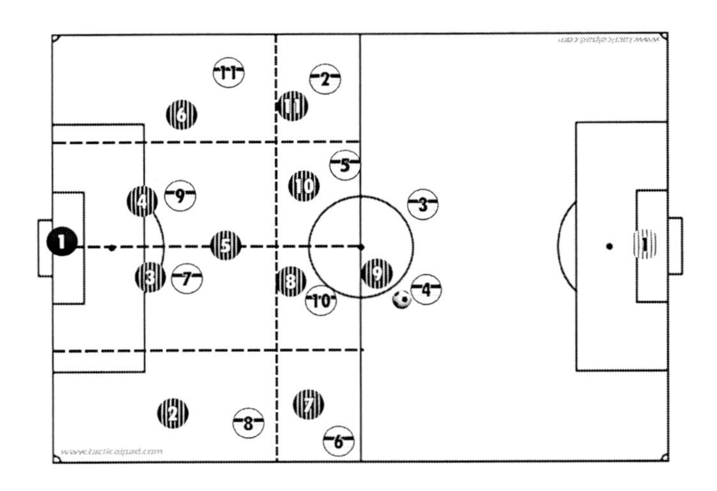

Fonte: os autores

Além disso, na organização defensiva por meio da marcação individual por setor, não se observam princípios para a coordenação interpessoal dos defensores (lembre-se de que as referências para movimentação são o próprio setor e o adversário direto). Nesse contexto, observa-se uma facilidade na criação de espaços no interior da defesa, marcadamente quando são realizados acompanhamentos individuais dentro do setor. Em razão da baixa coordenação interpessoal entre os defensores, (re)ajustes defensivos são menos prováveis, portanto a organização defensiva baseada nesse conceito resulta em vantagem para o ataque na exploração de espaços internos na defesa, principalmente em ações de mobilidade, conforme já apresentado na figura 24.

Por fim, a organização defensiva por meio da defesa individual por setor traz, também enquanto desvantagem para o alto nível de rendimento, dificuldade no estabelecimento de uma lógica fluida entre organização defensiva e transição ofensiva. Essa dificuldade resulta da impossibilidade de previsão do posicionamento dos jogadores de defesa no momento da transição, uma vez que os acompanhamentos individuais dentro do setor podem resultar em uma posição não ótima para a realização da transição. Como exemplo, imagine que sua transição defensiva se baseie na projeção, em profundidade, dos dois extremas (figura 26); no entanto, durante a organização defensiva, os dois realizaram acompanhamentos individuais dentro do setor no sentido do centro do campo de jogo. Nesse cenário, no momento da recuperação da bola, será necessário um maior tempo até que o posicionamento ideal seja alcançado, o que permitirá à equipe adversária mais condições para reajustar-se e evitar, dessa forma, a progressão durante a transição ofensiva.

Figura 26 - Após a recuperação da bola pelo goleiro, não há opções para a progressão em profundidade para a equipe

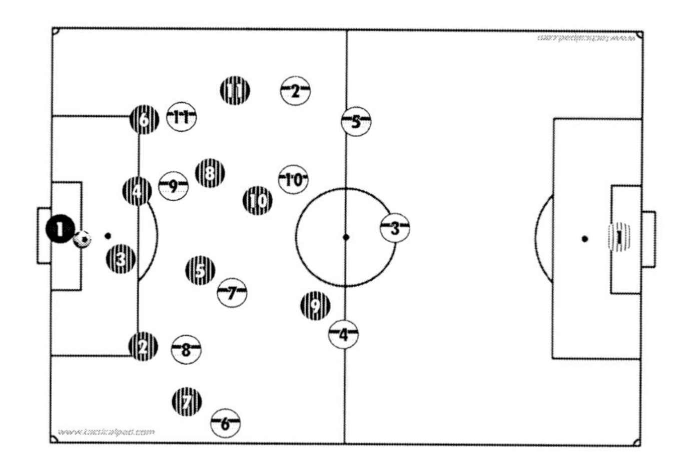

Fonte: os autores

Princípios específicos da defesa individual por setor

Acompanhamento do adversário no setor específico

Contrariamente ao observado na marcação individual, na defesa individual por setor, o acompanhamento do adversário direto se dá com a referência do setor do campo a ser ocupado pelo defensor. Nesse cenário, estabelecem-se limites para o deslocamento dos defensores no campo de jogo e criam-se setores de responsabilidade para cada jogador (ou grupo de jogadores).

Manutenção relativa da disposição espacial dos defensores

Como consequência da referência do setor para acompanhamento individual, a defesa individual por setor tem como princípio a manutenção (relativa) da disposição espacial dos defensores. É a partir do estabelecimento desses setores que se observa uma lógica racional de ocupação do campo de jogo, que pode passar, por exemplo, pela disposição espacial em um 1-4-4-2 (figura 27) ou em um 1-4-1-4-1 (figura 28), plataformas comumente utilizadas no futebol atual. Ressalta-se, contudo, que essa disposição dos jogadores é apenas relativamente mantida, uma vez que o acompanhamento individual dentro do setor pode resultar em disposições espaciais distintas durante o jogo.

Figura 27 - Posicionamento defensivo no 1-4-4-2

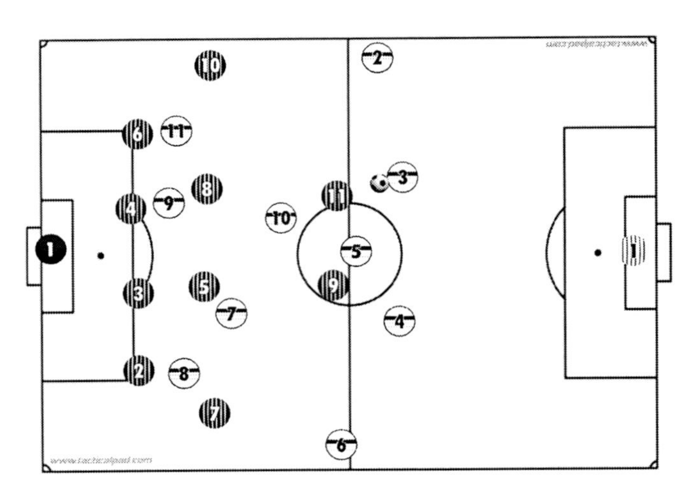

Fonte: os autores

Figura 28 - Posicionamento defensivo no 1-4-1-4-1

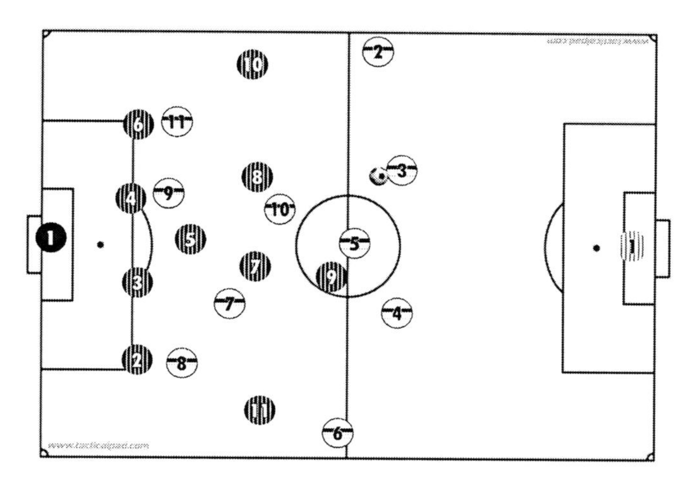

Fonte: os autores

Flutuação e troca de marcação

Na defesa individual por setor, mantêm-se os princípios de flutuação e troca de marcação, os quais permitem à equipe reagir a desajustes causados pela movimentação dos adversários no ataque ou a ações de penetração (via drible ou passe). Na defesa individual por setor, as trocas de marcação são sensivelmente percebidas nos limites dos setores estabelecidos para cada jogador (ou grupo de jogadores), enquanto as ações de flutuação são observadas nos contextos em que não há adversários diretos para acompanhamento dentro do setor.

Defesa zonal (ou coletiva)

Historicamente, o conceito de defesa à zona (ou defesa zonal) apresenta significado dúbio tanto na literatura como no meio prático. Na obra *Defesa à Zona no Futebol*, aquela que talvez seja a principal referência para o entendimento desse conceito, o autor apresenta, em um levantamento histórico, diversas definições que convergem no sentido de entender que a defesa à zona se caracteriza, primordialmente, por um contexto no qual "cada jogador é responsável por uma determinada zona do campo (perfeitamente delimitada) e intervém desde que aí penetre a bola, o portador da bola ou qualquer adversário direto" (AMIEIRO, 2004). O leitor atento já deve ter percebido a elevada sobreposição entre esse conceito e o conceito previamente apresentado de "defesa individual por setor". Se ambos dissessem a mesma coisa, não haveria a necessidade de dois conceitos (e, principalmente, dois termos) distintos. É realmente possível caracterizar a defesa zonal a partir das referências espaciais?

Ao acompanharmos jogos de equipes de alto nível de rendimento, desde que saibamos "para onde olhar", somos surpreendidos com dois comportamentos comuns entre as equipes durante a organização defensiva: em um primeiro momento, a movimentação coordenada dos defensores em micro (duplas de jogadores mais próximos, por exemplo, os dois zagueiros), meso (setores da defesa, por exemplo, os quatro defensores que compõem a primeira linha) e macro (a equipe como um todo, considerando a coordenação intersetorial) escala lembra um espetáculo de dança. Tem-se, nesse cenário, algo que une os jogadores da defesa em diferentes níveis, permitindo que cada deslocamento se oriente, prioritariamente, pelos princípios coletivos estabelecidos para a equipe. Isto é, a movimentação dos jogadores não é apenas uma lógica de encaixes no setor, representa algo mais do que isso! Ainda, em grandes equipes, com frequência observamos sua capacidade de frequentemente (ou sistematicamente) criar superioridade numérica em regiões previamente estabelecidas no campo de jogo (obviamente, aquelas consideradas chave pela comissão técnica). Nessas ações de superioridade numérica coletiva, há clara ruptura da lógica de que cada jogador é responsável por uma determinada "zona do campo", na medida em que há algo que coletivamente impele os jogadores a romper a ideia de setores previamente demarcados. Há, portanto, nas equipes de alto nível de rendimento, comportamentos defensivos característicos e não explicados pela lógica da "defesa individual por setor". Emerge, assim, a necessidade de repensar a defesa à zona como um conceito diferente da defesa individual por setor. Dessa forma, uma grande preocupação da defesa à zona é fechar os espaços mais valiosos do campo "como equipe", ao passo que a defesa homem-a-homem (i.e., defesa individual) traz referências apenas individuais, esquecendo-se dos espaços (AMIEIRO, 2004).

Diante desse cenário, qual seria a especificidade da defesa à zona? Considere novamente os dois exemplos apresentados no parágrafo anterior (coordenação interpessoal e criação de superioridade numérica coletiva). Em ambos, observa-se que qualquer deslocamento dos jogadores, durante a organização defensiva, encontra-se respaldado por uma lógica coletiva, responsável por conferir unidade às ações individuais dos jogadores. Aos problemas emergentes, a resposta é coletiva (direcionar o ataque para zonas de menor risco, por exemplo), e não individual, como caracterizado em defesas individuais ou individuais por setor. Essa lógica coletiva nesse cenário é a existência de um sentido "coletivo" para as ações "individuais" que caracteriza a organização defensiva. Para enfatizar essa característica, deixamos uma pequena provocação no título deste tópico: na medida em que a diferença nuclear entre defesa individual por setor e defesa zonal é o estabelecimento de uma lógica "coletiva" para a ação dos jogadores, não seria o termo "defesa coletiva" mais claro (evitando o conflito do termo "zonal" com "zonas do campo de responsabilidade de cada jogador)?

Em relação às referências para deslocamento dos jogadores durante a defesa zonal (ou coletiva), observe as situações a seguir. No momento A, observamos que o posicionamento médio dos jogadores[4] da equipe branca acompanha o deslocamento da bola para a esquerda da defesa, ao passo que o deslocamento da bola para o corredor central (momento B) traz o ponto médio da equipe para mais próximo do corredor central. Esse deslocamento dos jogadores evidencia a necessidade de considerar a bola como importante referência de movimentação. No entanto, em defesas zonais bem treinadas, observam-se poucas sobreposições de jogadores e elevada sincronização interpessoal (FOLGADO *et al.*, 2014). Ao mesmo tempo, observam-se comportamentos característicos, mesmo na organização defensiva, de atacantes e defensores. Essas características denotam a importância do estabelecimento de outras três referências para um eficiente deslocamento dos jogadores durante a organização defensiva: a posição do campo, os colegas de equipe e os adversários. A partir dessas três referências de movimentação, observa-se o estabelecimento de uma defesa zonal (coletiva).

[4] Na literatura, o termo "centroide" apresenta esse significado (FRENCKEN *et al.*, 2011).

Figura 29 - Organização posicional de uma defesa zonal na plataforma 1-4-1-4-1. A posição dos jogadores de defesa limita a progressão apenas pela beirada para o time no ataque

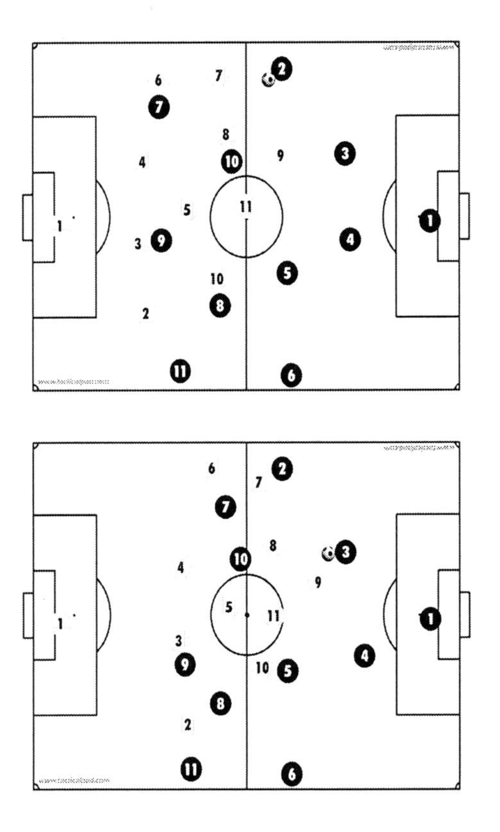

Fonte: os autores

Variação no deslocamento dos jogadores em função do estatuto posicional

Uma questão comumente discutida em relação à defesa zonal diz respeito aos encaixes individuais que podem ocorrer em contextos específicos do jogo. Os jogadores comumente (principalmente na etapa de implementação do conceito) relatam dúvidas quanto à possibilidade de acompanhar adversários diretos em determinados setores do campo, seja pelo potencial risco envolvido no deslocamento, seja pelas características individuais do atleta (por exemplo, um atacante com boa qualidade no jogo aéreo em um deslocamento dentro da grande área). Nesse ponto, duas ponderações merecem destaque: a primeira diz respeito ao fato de que a defesa zonal não se caracteriza como um "engessamento" dos comportamentos defensivos dos atletas. Nesse cenário, assim como discutido frequentemente neste livro, treinar atletas para defender a zona NÃO é treinar atletas para repetir movimentos pré-determinados; mas, ao contrário, treiná-los para DECIDIR adequadamente o que fazer em cada situação-problema do jogo. Assim, ao identificar situações potencialmente perigosas para a equipe, cabe ao atleta definir prioridades (manter a disposição espacial ou realizar o acompanhamento individual?) e, dessa forma, decidir adequadamente. O treinador será sempre o mediador no processo de aprendizagem tática, mas não conseguirá prever a integralidade das ações presentes no jogo, portanto o principal objetivo deve centrar-se em fornecer, ao atleta, informações qualificadas para que ele decida no jogo!

Além disso, uma segunda ponderação em relação à comum dúvida dos jogadores merece destaque. Na medida em que a defesa zonal preconiza uma organização "coletiva" do comportamento defensivo dos jogadores, a ideia de contraposição dos encaixes individuais pode gerar um entendimento enviesado do conceito. Defender a zona não é sinônimo de "assistir de longe" os adversários! É possível defender a zona de maneira pressionante (conforme visto a seguir), de forma que os jogadores possam (e devam) buscar agressivamente a recuperação da posse de bola. Portanto defender a zona não se resume a "ocupar racionalmente espaços", mas inclui a busca efetiva pela recuperação da posse de bola.

Conforme já discutido, apresenta-se virtualmente impossível a tarefa de prever, em situações de treino, todos os possíveis problemas enfrentados pelos jogadores durante a partida. Nesse cenário, é fundamental fornecer aos jogadores ferramentas para decidirem, em respeito aos princípios inerentes ao modelo de jogo da equipe, o que fazer diante de cada situação emergente. A partir disso, ressalta-se a necessidade do desenvolvimento, marcadamente em contextos zonais de marcação, de canais de comunicação eficientes e eficazes para permitir ajustes comportamentais durante o jogo. Sem comunicação (verbal e não verbal – principalmente atitudinal) nas escalas micro, meso e macro, a equipe se torna incapaz de responder às exigências coletivas do jogo, sendo "refém" das decisões individuais dos jogadores. Dessa forma, defender a zona preconiza "comunicação".

Há, no âmbito da defesa zonal no futebol, dois conceitos distintos que permitem classificar o estilo defensivo das equipes: zona pressionante (ou *pressing*), e zona passiva/reativa. Ressalta-se aqui que, na medida em que esses são conceitos que envolvem um comportamento coletivo, apenas faz sentido falar em defesa pressionante ou passiva no contexto da defesa zonal, não no contexto das demais formas de organização defensiva apresentadas neste livro.

Defesa zonal pressionante

Do ponto de vista da organização defensiva, principalmente em relação aos contextos de marcação zonal (coletiva – conceito apresentado na sequência deste livro), sugere-se que a atitude dos jogadores seja orientada por regras comportamentais estabelecidas para toda a equipe (i.e., princípios táticos). Uma das possíveis regras estabelecidas diz respeito à característica da pressão exercida à equipe adversária. Em relação à busca pela recuperação imediata da bola, é possível estabelecer um contexto de defesa zonal pressionante, a qual, por meio de uma ação agressiva dos jogadores (isto é, da EQUIPE) de defesa, busca recuperar a bola o mais rápido possível. Na defesa zonal pressionante, busca-se a todo instante reduzir o espaço disponível, nomeadamente no centro de jogo, pressionar o portador da bola e reduzir as linhas de passe imediatamente próximas ao portador. Dessa forma, o principal intuito é criar um constrangimento espaço-temporal para o portador da bola, o que resultaria em uma maior facilidade para recuperação da bola. Nesse cenário, porém, e concordando com Amieiro (2004), ressaltamos duas interpretações potencialmente problemáticas do conceito de zona pressionante presentes na literatura e no meio prático:

1. Não se deve confundir "zona pressionante" com marcação individual. Lembre-se de que o conceito de defesa pressionante preconiza a existência de um plano coletivo de ação dos defensores. Portanto, é a equipe que pressiona efetivamente o(s) adversário(s), e não os jogadores. Não se trata de realizar encaixes individuais com menor distância entre atacante e defensor, mas sim, como equipe, criar superioridade numérica em setores específicos do campo de jogo para facilitar a recuperação da posse de bola.
2. Também não se deve confundir defesa zonal pressionante com defesa em bloco alto. É fato que muitas equipes que adotam a zona pressionante o fazem em bloco alto, principalmente no intuito de recuperar a bola mais rapidamente e mais próximo ao gol adversário. Todavia lembramos que o conceito de "pressionante" implica uma atitudade agressiva da equipe na tentativa de recuperar a bola, portanto é perfeitamente plausível pensarmos em uma defesa zonal que adote comportamentos pressionantes apenas em bloco baixo (o que é frequentemente visto em equipes com jogo orientado pela transição ofensiva). Portanto, classificar

a defesa enquanto pressionante ou passiva/reativa não é suficiente para compreender completamente as dinâmicas inerentes a esse momento do jogo de uma equipe.

Defesa zonal Passiva/reativa

Além da organização zonal por meio de uma defesa pressionante, é possível planejar a atuação dos jogadores (coletivamente) durante a organização defensiva a partir do conceito de defesa zonal passive/reativa. Nesse cenário, ao contrário do observado na defesa zonal pressionante, o principal objetivo da equipe em organização defensiva é o direcionamento do ataque adversário para zonas de menor risco no intuito de limitar a progressão em direção à própria baliza. Enquanto a defesa zonal pressionante se caracteriza pela busca agressiva pela recuperação da posse de bola, a defesa zonal passiva/reativa se caracteriza pelo mínimo oferecimento de condições para a equipe adversária criar oportunidades de finalização. Em suma, trata-se de um contexto em que, coletivamente, busca-se neutralizar os principais objetivos da organização ofensiva adversária.

Diante da menor necessidade de um comportamento agressivo dos jogadores de defesa na recuperação da posse de bola (em comparação à defesa zonal), frequentemente observa-se nos jogadores um erro na interpretação do conceito de defesa zonal passiva/reativa. Esse erro centra-se num exagero da ausência de pressão, que ocasiona dificuldade na recuperação da posse de bola (principalmente nos duelos 1x1 observados durante o jogo). Dessa forma, ainda que coletivamente não se busque um comportamento agressivo para constrangimento espaço-temporal do portador da bola (defesa zonal pressionante), individualmente cabe aos jogadores manter níveis de ativação elevados que os permitam identificar situações vantajosas para recuperação da bola ao invés de apenas "observar" o portador a todo momento. A atitude passiva/reativa está na escala COLETIVA, não INDIVIDUAL!

Princípios Específicos da defesa zonal

A seguir são apresentados alguns princípios táticos norteadores para a defesa zonal. Ressaltamos, contudo, que esses princípios não refletem a integralidade daqueles adotados por treinadores na prática, o que seria potencialmente inviável em razão da multiplicidade de conceitos e variações observados em diferentes modelos de jogo. Ao contrário, selecionamos aqueles princípios mais universalmente adotados, de forma que possamos apresentar (e discutir) conceitos relacionados à maior parte dos modelos e conceitos atualmente adotados no futebol.

Direcionamento do adversário para regiões específicas (e vantajosas) da defesa e proteção do eixo central do campo

Figura 30 - Defesa realizando efetivo direcionamento do ataque

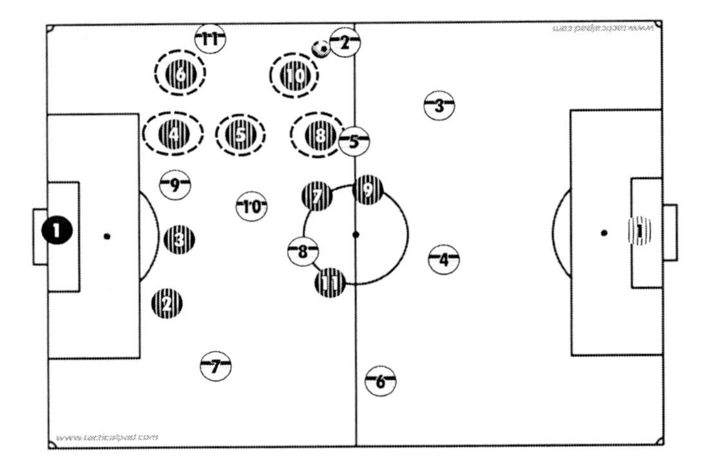

Fonte: os autores

Durante a fase de organização defensiva, equipes tendem a apresentar diferentes formas de gerenciamento do espaço de jogo, seja por diferenças na distribuição espacial dos jogadores no campo (relativo às diferentes plataformas de jogo que podem ser utilizadas nesta fase do jogo), seja pelo estabelecimento dos princípios táticos para organização defensiva inerentes ao jogar pretendido. Nesse sentido, faz-se necessário que os jogadores conheçam os espaços considerados coletivamente prioritários para a equipe em defesa no intuito de ajustar sua ação individual. No exemplo apresentado anteriormente, observa-se a necessidade de que os jogadores se posicionem corporalmente em diagonal em relação ao portador da bola para que reste, ao jogador em posse, apenas a possibilidade de progressão no sentido da linha de fundo (pela beirada do campo). A partir disso, cabe aos demais jogadores ajustarem seus deslocamentos no sentido de realizar dobras e ajudas no setor previsto para permanência da bola.

Ressalta-se, nesse ponto, que o direcionamento do ataque é usualmente feito, em uma escala macro, para as laterais do campo de jogo, no intuito de proteger o eixo central, no qual o maior ângulo em relação à baliza aumenta a probabilidade de ocorrência dos gols (vide figura a seguir). Assim, as ações dos jogadores devem permitir o aumento da superioridade numérica nesse corredor central, evitando a progressão por setores considerados mais perigosos para a defesa. No entanto é possível que, em microestruturas, estabeleçam-se lógicas de dobras e ajudas que não necessariamente induzam o portador da bola à beirada, na medida em que, face a um posicionamento orientado para o centro do campo, a equipe em organização defensiva pode encontrar maior facilidade em realizar ações de ajuda caso o portador da bola conduza-a em direção ao centro. Nesse cenário, cabe ao treinador delimitar gatilhos para os comportamentos desejados (regras do tipo se-então, direcionadas a facilitar o comportamento de busca visual e a tomada de decisões no contexto do jogo).

Figura 31 - Proteção do eixo central do campo de jogo. Observe a criação de superioridade numérica no corredor central – área hachurada – realizado pela equipe em defesa

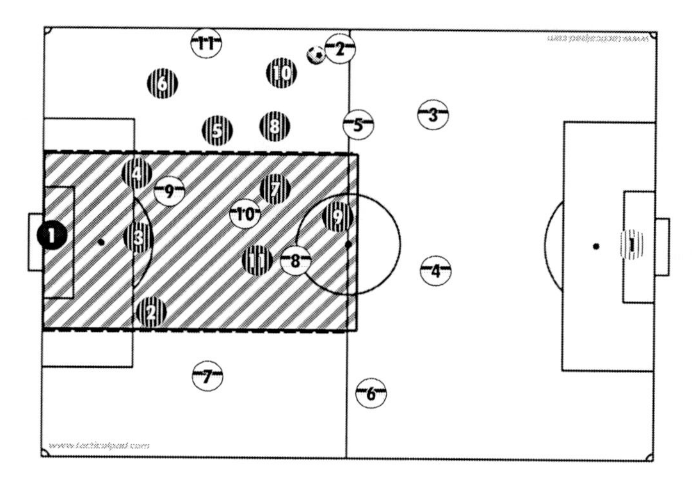

Fonte: os autores

Elevada coordenação interpessoal

De maneira geral, conforme já discutido, a defesa zonal traduz-se numa interdependência dinâmica entre os jogadores durante o momento defensivo do jogo. Nesse cenário, não apenas a posição da bola e do adversário direto impactam nas decisões do defensor, mas também a relação estabelecida com os demais colegas de equipe. Diante disso, ressalta-se a necessidade de que os defensores busquem a elevação da coordenação interpessoal durante a organização defensiva. Por coordenação interpessoal (especificamente intratime) entende-se o processo de cooperação entre os colegas de equipe, no qual os padrões formados (por exemplo, disposições espaciais e posições relativas dos jogadores) são estados preferenciais do sistema (PASSOS; ARAÚJO; DAVIDS, 2016). Isso significa que, numa defesa zonal, jogadores devem buscar permanentemente a manutenção da estrutura (não apenas espacial, mas principalmente funcional) que caracteriza os princípios norteadores da organização defensiva.

Na prática, adotar elevada coordenação interpessoal durante a organização defensiva significa estar menos susceptível às perturbações inerentes à organização ofensiva adversária e, dessa forma, manter-se estável até a recuperação da posse de bola. Como exemplo, comumente observam-se equipes que, apesar de espacialmente coerentes durante a organização defensiva (por exemplo, em duas linhas de quatro com dois jogadores à frente), não conseguem manter padrões funcionalmente interessantes quando perturbações (um drible, uma tabela da equipe adversária, uma falha técnica ou tática de algum defensor) ocorrem no jogo. Tal comportamento observa-se com mais frequência em equipes em início de trabalho, momento em que os princípios norteadores da organização defensiva ainda não se encontram bem estabelecidos entre os jogadores.

O treinamento para melhorar a coordenação interpessoal entre os jogadores na defesa deve permitir: a) amplo conhecimento dos princípios que norteiam a organização defensiva, não apenas relativo à função específica do jogador, mas sim de toda a equipe; e b) estabelecimento de estratégias e condutas-padrão em situações de perturbação. Em relação ao primeiro ponto, ressalta-se a necessidade de que os jogadores entendam, em uma perspectiva macro, o plano de ação da equipe. Nesse cenário, eles estariam preparados para lidar com demandas do jogo sempre que ajustes fossem necessários. Por exemplo, é comum observar meias (ou volantes) realizando trocas de posição com laterais após a perda da bola no ataque pelo lateral. Entretanto os meias (ou volantes) conhecem os princípios que norteiam o jogo do lateral? Conhecem as exigências técnico-táticas na ação de 1x1 quando se está nessa posição? O desconhecimento do plano macro da equipe inviabiliza a emergência de um padrão fluido para a organização defensiva, nomeadamente em função do contexto complexo e aleatório no qual engendra-se o jogo. Já em relação ao segundo ponto, cabe, novamente ao treinador e à comissão técnica, estabelecer gatilhos para ajustes funcionais e posicionais em situações de perturbação. O que fazer quando há uma ruptura pelo corredor central? Como igualar numericamente as relações quando o adversário realiza o drible? Quando há deslocamento do centroavante, haverá acompanhamento individual dos zagueiros? Esses são apenas exemplos de perturbações que precisam ter respostas previstas para facilitar a coordenação interpessoal entre os jogadores no momento de organização defensiva.

Participação ativa dos jogadores no processo defensivo

Usualmente, vemos fases e momentos do jogo de maneira separada, independente. Nesse cenário, frequentemente se conferem papéis específicos a jogadores apenas em um momento do jogo, como se fosse possível ter um grupo de jogadores para "atacar" e outro para "defender". A limitação dessa abordagem analítica do jogo assenta-se no fato de que a gestão do espaço, durante uma partida, é seguramente mais bem executada se todos os jogadores da equipe tiverem claros papéis (e tenham sua ação norteada por princípios) em todos os momentos e fases do jogo. Assim, tem-se como princípio específico da organização defensiva zonal a necessidade de participação ativa (e efetiva) e todos os jogadores. Isso implica assumir que, mesmo aqueles jogadores com posicionamentos mais avançados (atacantes, centroavantes e, às vezes, meias armadores), ao participarem do processo defensivo de maneira ativa, conferem à equipe maior probabilidade de recuperação da posse de bola e redução nas possibilidades de progressão no terreno.

Nesse ponto, ressalta-se que, na medida em que a equipe em ataque tem o objetivo de progredir no campo de jogo, a participação efetiva de um jogador de defesa no momento de organização defensiva implica buscar um posicionamento entre a bola e a baliza a defender. Tal fato justifica-se pelo baixo potencial de interferência no portador da bola por aqueles jogadores que se encontrem atrás da bola (entre a bola e o gol a atacar). Como consequência, caso observe-se uma participação efetiva de todos os jogadores durante a organização defensiva, observar-se-á uma alta incidência de jogadores atrás da linha da bola durante toda a organização ofensiva. Nesse ponto, assume-se a necessidade de pensar-se o momento de organização defensiva em interação com a transição ofensiva. Assim, ainda que diversos jogadores (em alguns casos, todos os 11) estejam atrás da linha da bola, a transição ofensiva encontra-se prevista no modelo de jogo sob princípios próprios. Assim, a disposição espacial dos jogadores na organização defensiva deve prever gatilhos para a ação comportamental imediatamente após a recuperação da posse de bola, sob o risco de não haver dinâmicas possíveis para manter a bola (e progredir pelo campo de jogo), ainda que a defesa seja capaz de recuperar a bola. Para maiores detalhes, veja o tópico sobre transição ofensiva.

Bola coberta x descoberta

O conceito de bola coberta x bola descoberta tem sido amplamente adotado em equipes profissionais e de base nos últimos anos. Sua lógica se baseia na adoção do momento ótimo para redução e ampliação do espaço efetivo de jogo. Em termos gerais, sugere-se que um atacante, em posse da bola, tenha potencial para causar maior perigo às costas da defesa se: a) está de frente para o gol a atacar e b) se não possui nenhum defensor imediatamente colocado entre a bola e o gol a atacar (Figura 32). Nesse cenário, tem-se a característica de uma bola "descoberta", situação na qual se recomenda um recuo da última linha de defesa de forma a dificultar a exploração do espaço entre essa linha e o gol a defender. Por outro lado, se o atacante com a posse da bola encontra-se: a) de costas para o gol a atacar ou b) de frente para o gol a atacar, mas com um defensor próximo, impedindo a progressão, tem-se a característica de uma bola "coberta". Nessa situação, diante da dificuldade de progressão do atacante, as linhas defensivas têm a possibilidade de progredir no campo de jogo, reduzindo o espaço efetivo e, consequentemente, facilitando a recuperação da posse de bola (Figura 33).

Figura 32 - Situação de bola descoberta. O comportamento dos defensores se caracteriza pelo recuo das últimas linhas no intuito de evitar ações de mobilidade dos atacantes adversários

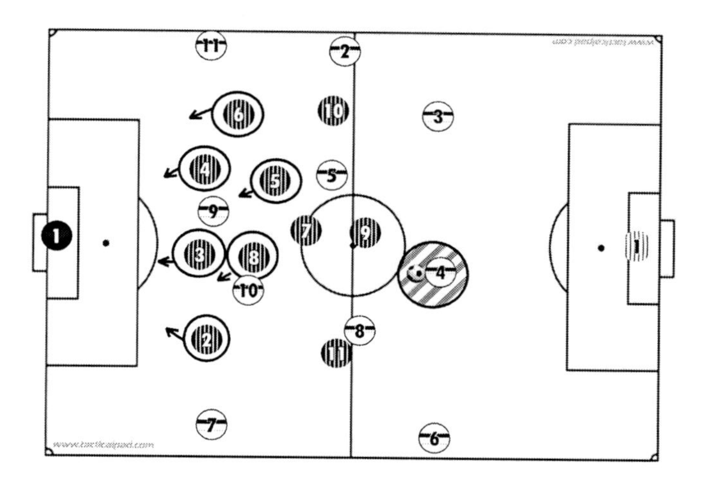

Fonte: os autores

Figura 33 - Situação de bola coberta. Na ausência de risco para ações de mobilidade que gerem perigo para a defesa, o comportamento da defesa se caracteriza por uma subida coordenada das linhas defensivas por meio de ações de unidade ofensiva

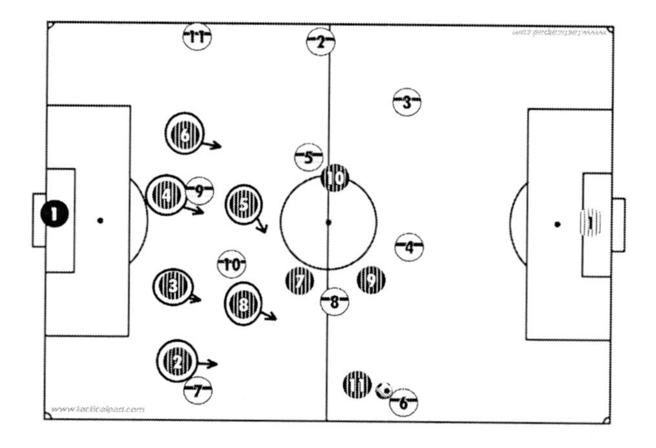

Fonte: os autores

Redução do Espaço de Jogo Efetivo

A redução do espaço efetivo de jogo resulta, para a equipe no ataque, em menor disponibilidade temporal para a tomada de decisões. Nesse cenário, espera-se menor índice de acerto e menor acuidade técnica, o que facilitaria, dessa forma, a recuperação da posse de bola pela equipe em organização defensiva. Diante disso, um importante princípio para a organização defensiva zonal é a redução do espaço efetivo de jogo, nomeadamente pela a) redução na distância entre as linhas de defesa e b) pelo distanciamento entre a última linha de defesa e o gol a defender. Ressalta-se que essa redução deve se dar em consonância com os demais princípios específicos da equipe, por exemplo, respeitando o conceito de bola coberta e descoberta previamente apresentado (entre outros que podem ser estabelecidos pelo treinador).

2.5.2 Momento de Transição Defensiva

2.5.2.1 Princípio de modificação atitudinal

Durante a organização ofensiva (ou a transição ofensiva), os jogadores buscam sinais relevantes e opções de tomada de decisão que conduzam a equipe às melhores posições para obtenção do gol. Isso implica estar com o foco de atenção direcionado para a busca por desequilíbrios e perturbações na defesa. Diante disso, observa-se nos jogadores uma comum dificuldade em modificar a atitude após a perda da bola. Nesse sentido, faz-se necessária a criação de sinais relevantes imediatos para a rápida transição atitudinal após a perda da posse de bola. Nesse momento, o foco atencional modifica-se, buscando a criação (o mais rápido possível) de estruturas organizacionais defensivas estáveis, que permitam à equipe em defesa a imediata recuperação da posse de bola, ou a entrada em uma fase de organização defensiva (na qual as perturbações fazem-se mais previsíveis). Diante disso, o modelo de jogo da equipe deve prever gatilhos para esta fase de jogo relacionados: a) à realização de pressão e direcionamento imediato do portador da bola (a quem cabe esta responsabilidade? Qual o objetivo da abordagem – roubar a bola ou direcionar o ataque?); e b) a comportamentos transitórios dos jogadores não diretamente relacionados com o centro de jogo no intuito de facilitar a entrada em organização defensiva. Especificamente em relação ao segundo ponto, ressalta-se a necessidade de pensá-lo de maneira coletiva, não individualizada como comumente observa-se. Nesse caso, o plano coletivo (busca pela melhor disposição espacial possível face aos princípios norteadores da equipe) deve sobrepor ações individuais, na medida em que pode se fazer necessário um ajuste posicional pouco comum até que, em organização defensiva, a equipe possa retornar aos padrões desejados. Um exemplo dessa situação acontece quando a equipe entra em transição defensiva após um escanteio no campo de ataque, momento em que, usualmente, os zagueiros estão na área de ataque e, portanto, não podem compor a primeira linha defensiva (como acontece normalmente na organização ofensiva). Assim, um elevado conhecimento coletivo sobre os planos de ação prioritários da equipe facilita a ação dos jogadores quando são observadas tais situações pouco comuns.

2.5.2.2 Princípio de retardo do ataque

Durante a transição defensiva, observa-se uma elevada incidência de perturbações em comparação ao momento de organização defensiva. Nesse ponto, muitas equipes gerenciam ataque e defesa de maneira dicotomizada, como momentos não relacionados do jogo. Isso faz com que a disposição espacial da equipe durante a organização ofensiva seja o principal empecilho a uma boa transição defensiva (nomeadamente quando há alta incidência de perda da posse de bola em setores em que se está em inferioridade numérica). Nesse ponto, ressalta-se a necessidade de que momentos de transição e organização sejam pensados como "faces da mesma moeda" (TOLBAR, 2018), o que inclusive facilita a supracitada mudança atitudinal após a perda da posse de bola.

Ainda que as equipes pensem momentos e fases do jogo de maneira fluida, não dicotomizada, observa-se a necessidade de ajustes emergenciais face às perturbações características do jogo recorrentemente durante as transições. Nesse cenário, ressalta-se a necessidade do estabelecimento de condutas-padrão associadas a uma busca por retardar a ação ofensiva, tanto para retomar a posse de bola, quanto, na impossibilidade de fazê-lo, para dar à equipe tempo para retomar seu padrão estável e entrar em organização defensiva. Diante disso, eleva-se a importância de uma adequada gestão numérica do centro de jogo, na medida em que, ao constranger a ação do portador da bola, têm-se maiores chances de evitar-se a progressão. Assim, o retardo no ataque é fortemente dependente de uma eficaz ação de contenção, cobertura defensiva e equilíbrio de recuperação por parte dos jogadores da defesa.

Princípio da reorganização das linhas de defesa

Considerando que a transição defensiva tenha sido adequadamente conduzida, a equipe em fase defensiva terá recuperado a posse de bola ou entrado em momento de organização defensiva de forma equilibrada, estável. Para que essa segunda opção aconteça o mais breve possível, os jogadores da equipe na defesa devem procurar, como princípio, reorganizar-se espacialmente no campo de jogo, conforme a lógica posicional estabelecida pela equipe. Nesse cenário, inicialmente, ressalta-se (novamente) que a busca pela reorganização das linhas de defesa não pode suplantar a necessidade de retardo do ataque, princípio que está hierarquicamente em um mesmo nível da busca pela reorganização das linhas de defesa. Nesse cenário, deve-se observar nos jogadores a busca por ações que caracterizem a redução entre as linhas de defesa tanto horizontalmente quanto verticalmente, o que reduzirá o espaço efetivo de jogo e criará maior constrangimento espaço-temporal nos jogadores no ataque no centro de jogo. Para tal, em razão de uma adequada mudança atitudinal, cabe aos jogadores a busca por um rápido rearranjo em torno da plataforma característica da equipe, novamente com ênfase no plano coletivo em detrimento de prioridades individuais do atleta. O princípio de reorganização das linhas de defesa faz-se particularmente útil em momentos de transição defensiva após bolas paradas ofensivas da própria equipe, nos quais as linhas se encontram

2.5.3 Momento de Organização Ofensiva

2.5.3.1 Ataque direto

Princípios específicos

Cabe-nos salientar que o ataque direto não se assenta na "pressa" pelo avanço. Nesse cenário, incorrer-se-ia no erro de progredir sem condições adequadas, o que resultaria, sistematicamente, na perda da posse de bola. Ao contrário, o ataque direto caracteriza-se exatamente pela construção de oportunidades para a rápida construção (não na construção rápida independentemente da existência de oportunidades). Para que essa construção de oportunidades de progressão se dê, basicamente observam-se três princípios táticos específicos.

Primeiramente, de forma a garantir possibilidades frequentes de progressão, cabe aos jogadores em organização ofensiva a busca constante pela criação de linhas de passe à frente da linha da bola. Tais linhas de passe devem ser criadas para suporte ao portador; mas, preferencialmente, com vistas à ampliação da profundidade. Assim, progride-se mais rapidamente no campo de jogo sem, necessariamente, abdicar-se da criação de superioridade numérica (princípio tático geral) nos setores mais "caros" à equipe.

Se o processo de criação de linhas de passe à frente da linha da bola for conduzido de maneira eficiente pelos jogadores da equipe, o segundo princípio tático específico que caracteriza o ataque direto poderá ser observado: busca pela prevalência de passes positivos (para a frente). Se, no ataque posicional, buscam-se oportunidades ótimas para a progressão, o que pode resultar na necessidade de circulação da bola para os lados e para trás em diversos momentos da gestão da posse; no ataque rápido, busca-se a maior proporção de passes positivos possível. A recorrente necessidade de passes negativos para a manutenção da posse de bola, bem como a realização de passes com elevada chance de insucesso (apenas para transferir a bola para o campo adversário), refletem uma dificuldade dos jogadores na gestão das linhas de passe em profundidade. Nesse contexto, a orientação da busca pelos sinais relevantes, por parte do portador da bola, deve se dar preferencialmente na busca pelo avanço e apenas secundariamente na busca pela manutenção da posse.

Em consequência dos dois princípios anteriormente listados, durante a organização ofensiva por meio de ataque direto, ressalta-se a necessidade de um posicionamento dos jogadores mais em profundidade do que em largura. Do ponto de vista posicional, quanto mais em largura os jogadores estiverem, maior será a chance de haver uma circulação da bola para os lados, o que se apresenta contrário à lógica de busca pela criação de chances de progressão recorrentemente (ataque direto). Assim, se visualizarmos uma equipe orientada pelo ataque direto do topo, veremos um desenho mais concentrado no corredor central, e menos direcionado para as beiradas do campo de jogo.

2.5.3.2 Ataque posicional

Princípios específicos_

Jogo apoiado

O jogo apoiado se caracteriza por uma constante busca dos jogadores na organização ofensiva pelo oferecimento de apoios (tanto para progressão, quanto para a manutenção da posse de bola) ao portador da bola. Baseia-se fortemente na capacidade de cumprimento do princípio tático fundamental de Cobertura Ofensiva, bem como na busca pela criação/manutenção de uma eficiente relação numérica no setor onde se encontra a bola.

O jogo apoiado tem sido, nos últimos anos, fortemente discutido à luz de recentes atuações marcantes de equipes que utilizam esse princípio (por exemplo, o Barcelona de Guardiola). Nesse ponto, ressalta-se a importância de não se confundir "jogo apoiado" com "circulação da bola". O jogo apoiado também caracteriza uma busca constante pela progressão, não se trata apenas de circular, por meio de passes, a bola de um lado ao outro do campo, sem um objetivo específico de progressão. Assim, um efetivo jogo apoiado deve permitir que a equipe em posse tenha tanto atletas atrás da linha da bola, que permitirão maior segurança na gestão da posse em situações de risco de perda, quanto atletas à frente da linha da bola, de forma que sempre haja perspectiva de alcance de regiões mais interiores do campo de jogo.

Figuras 34A e 34B - Variação dos jogadores no ataque em função da posição da bola, no intuito de promover apoio para manutenção da posse de bola e progressão (jogo apoiado)

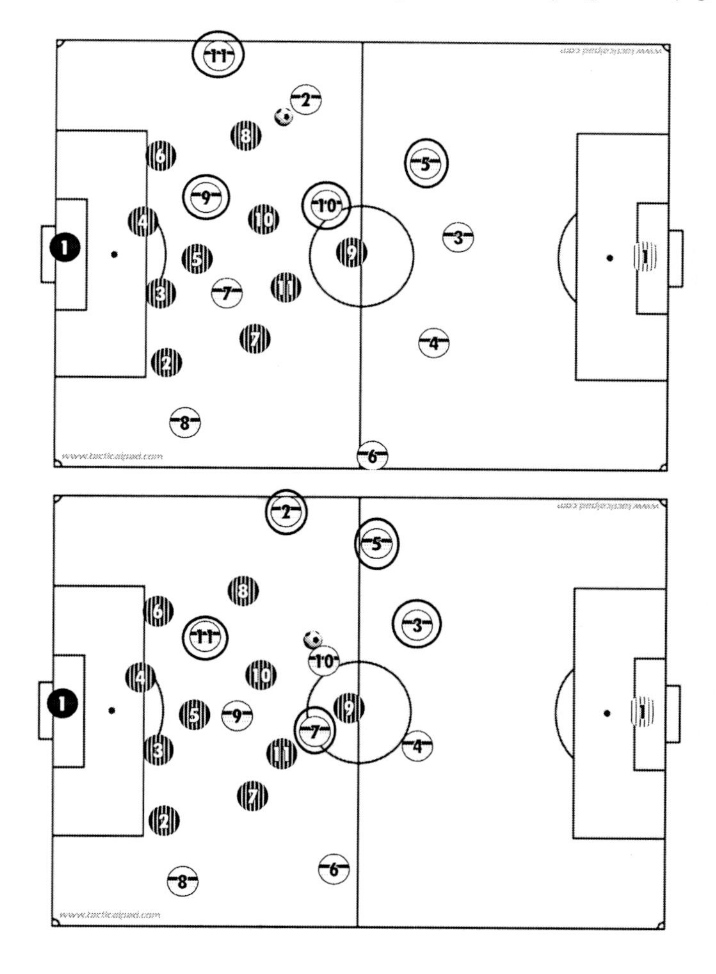

Fonte: os autores

Alternância de ritmo e velocidade

Durante a gestão da posse de bola, principalmente na busca pela progressão no campo de jogo, um importante princípio para a criação de oportunidades de finalização é a alternância de ritmo e de velocidade. Esse princípio define-se como a busca, seja em ações com bola (condução e passes mais lentos/rápidos), seja em ações sem bola (deslocamentos e mudança de direção com mudança de velocidade), pela criação de desarranjos defensivos ocasionados pela incapacidade de reajuste dos defensores ao novo comportamento dos jogadores. Nesse cenário, ressalta-se que, particularmente contra defesas reativas, os jogadores na fase ofensiva tem sempre uma vantagem pela lógica interna do jogo (propõem as ações primeiramente); portanto, se bem executadas, as ações de alternância de ritmo e de velocidade permitirão frequentes posições vantajosas, tanto para o portador da bola quanto para seus colegas de equipe.

Um importante comportamento relacionado à alternância de ritmo está na relação jogador-bola. Por vezes, jogadores realizam inúmeros toques para encontrar a melhor posição corporal em relação à bola para a realização de um chute, um passe, ou uma condução. Essa ação, além de sistematicamente atrasar a ação ofensiva, impede que sejam feitas mudanças de ritmo e velocidade na gestão da bola, na medida em que a velocidade de concatenação das ações ofensivas será sempre reduzida. Assim, a busca pela redução no número de contatos de "ajuste" na bola durante a gestão da posse de bola faz-se necessário para dar, aos jogadores, possibilidades de acelerar/retardar o ritmo conforme diferentes sinais relevantes do jogo demandarem diferentes ajustes.

Busca por alternância posicional

Outro princípio comumente observado durante a organização ofensiva é a busca por alternância posicional entre os jogadores no ataque. É notório que os jogadores possuem, conforme determinação do plano de jogo, um estatuto posicional de referência. É sempre importante que se conheça esse local de referência, o qual servirá de atrator para a reorganização em momentos de ruptura, tanto no ataque, quanto na defesa. Contudo, em diversos momentos, faz-se necessária a criação de alternativas a esse posicionamento estandardizado de forma a criar desequilíbrios na organização defensiva adversária. Usualmente treinadores permitem o cumprimento desse princípio ao criar padrões para trocas posicionais entre os jogadores (extremas e meias, por exemplo). Entretanto, principalmente no alto nível de rendimento, simples trocas posicionais podem ser pouco eficientes face a equipes com bom padrão de organização defensiva, na medida em que simples ações de troca de marcação tornam a defesa equilibrada novamente. Diante disso, a alternância posicional pode se dar pela criação de distribuições assimétricas (deslocamento momentâneo de mais jogadores para um lado do campo, por exemplo), ou por uma mudança pontual na plataforma de jogo. Tais ações, além de trazerem dúvidas para a organização defensiva, permitem aos jogadores explorarem novas possibilidades durante o jogo, o que se torna particularmente útil nos momentos de formação dos atletas.

Figuras 35A e 35B - Trocas de posição no ataque. A movimentação do jogador nº 9 criou espaços para a ação de mobilidade do jogador nº 8

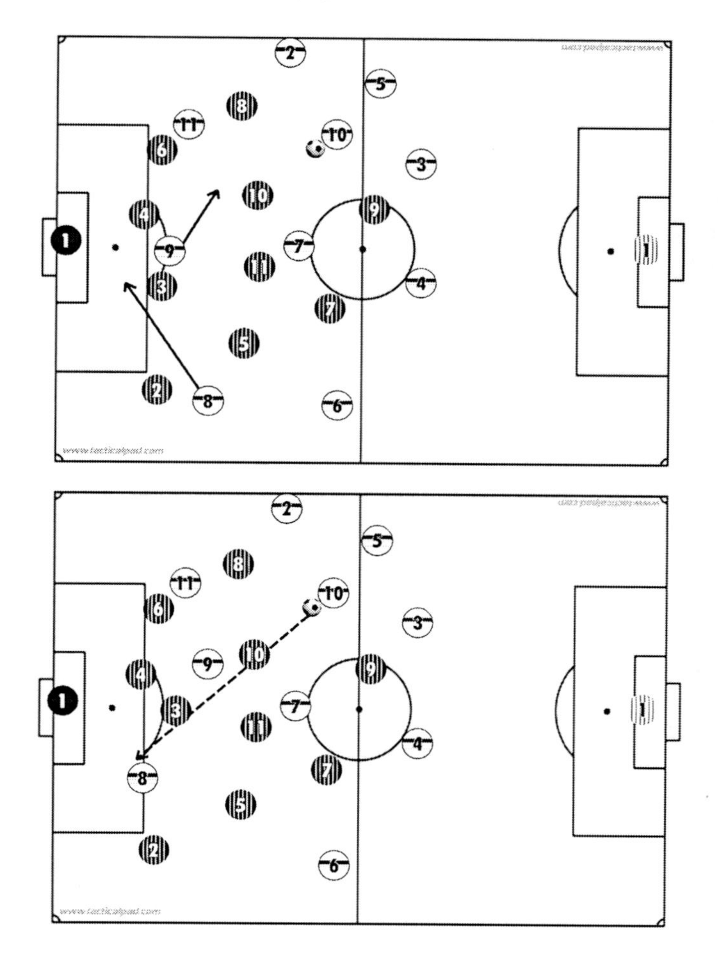

Fonte: os autores

Jogo entre as linhas

Por jogo entre linhas, entende-se a busca, pelos jogadores em organização ofensiva, por um posicionamento preferencialmente entre as linhas de defesa adversária. Por exemplo, poder-se-ia buscar um posicionamento entre a primeira e a segunda linhas quando se enfrenta um adversário que normalmente defende em um 1-4-4-2, ou entre a segunda e terceira linhas quando o adversário defende normalmente em um 1-4-2-3-1. Como princípio, o jogo entre linhas baseia-se na criação de dúvidas nos jogadores de defesa acerca da realização de encaixes individuais, na medida em que o acompanhamento do adversário direto, posicionado entre linhas, gera ruptura no padrão posicional estabelecido pela equipe. Nesse cenário, apresenta-se mais comum a ação de posicionamento entre linhas no corredor central, particularmente importante na gestão do espaço na organização defensiva.

Ainda em relação ao jogo entre linhas, ressalta-se a necessidade de vivência decisional sobre o quando e onde buscar essa ação. Se realizado de maneira recorrente, rapidamente terá sua efetividade reduzida diante de um reajuste da organização defensiva adversária (principalmente em equipes com organização defensiva zonal). Assim, faz-se necessário encontrar o momento correto, nomeadamente em situações de superioridade numérica no setor, para posicionar-se entre as linhas. Além disso, é necessário que tal posicionamento seja dinâmico, potencialmente alinhado com as ações de alternância posicional, de forma a aumentar o número de estímulos visuais a serem considerados pelos jogadores de defesa e, consequentemente, reduzir a coordenação interpessoal entre eles.

Figura 36 - Jogo entre linhas realizado pelo jogador nº 8

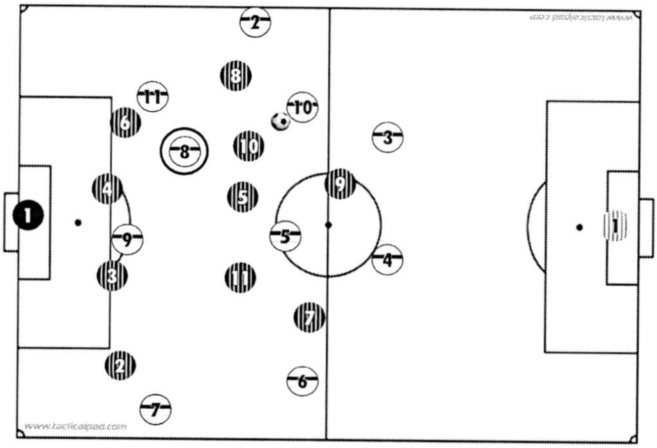

Fonte: os autores

Ampliação do espaço efetivo de jogo

O espaço efetivo de jogo refere-se à área, delimitada pela regra do impedimento, em que os confrontos pela bola efetivamente acontecem. Normalmente é demarcada pela distância, em profundidade, entre os jogadores (exceto os goleiros) mais próximos às duas balizas e os jogadores mais próximos a cada linha lateral do campo. Na perspectiva da organização ofensiva, quanto maior for a área efetiva de jogo, maiores serão os espaços para criação de linhas de passe. Em consequência, maior o espaço sob responsabilidade da defesa, que pode encontrar dificuldades na gestão das coberturas, por exemplo. Diante disso, principalmente pela realização de ações de espaço sem bola (seja ampliando o campo de jogo em largura, seja ampliado o campo de jogo em profundidade), um dos princípios norteadores do ataque posicional assenta-se na ampliação da área para organização ofensiva.

Figura 37 - Ampliação do espaço efetivo de jogo em largura. Observe que os atacantes, mesmo do lado contrário, mantêm-se próximos à linha lateral

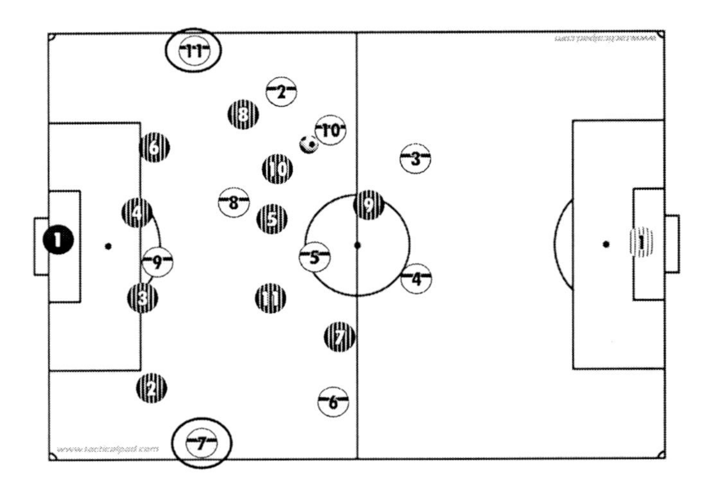

Fonte: os autores

2.5.4 Momento de Transição Ofensiva

2.5.4.1 Diferença entre transição ofensiva e ataque direto

Antes de nos aprofundarmos nos conteúdos relacionados à transição ofensiva, cabe-nos salientar uma importante diferença conceitual, nomeadamente no que se refere aos conceitos de transição ofensiva e ataque direto, usualmente tratados (erroneamente, na nossa opinião, como sinônimos). Conforme previamente apresentado, o ataque direto enquadra-se no momento de organização ofensiva, e não no momento de transição. Objetivamente, define-se o fim da transição ofensiva e o início da fase de organização ofensiva a partir da realização de um dos três critérios: a bola sai do terreno de jogo, é cometida uma infração às regras do jogo (faltas ou impedimentos, por exemplo), ou são realizadas três ações consecutivas em um contexto "sem pressão"[5] no centro de jogo, conforme recomendações da literatura (BARREIRA, 2013). Assim, as primeiras ações após a recuperação da posse de bola são normalmente

[5] Contextos "sem pressão" são definidos como aqueles em que há superioridade numérica no centro de jogo ou quando há igualdade, mas o portador da bola encontra-se de frente para o gol a atacar (BARREIRA, 2013).

orientadas por princípios táticos relacionados à transição ofensiva, ao passo que, após um período de tempo, usualmente observam-se comportamentos característicos da organização ofensiva. Assim, os princípios táticos descritos neste tópico referem-se exclusivamente ao momento de transição ofensiva, não devendo, portanto, ser confundidos com aqueles previamente apresentados que norteiam o ataque rápido (no âmbito da organização ofensiva).

2.5.4.2 Tipo de transição: em busca do gol x em busca da posse

A transição ofensiva ampara-se basicamente em dois pressupostos (complementares, apenas didaticamente apresentados separadamente): manutenção da posse de bola e rápido alcance do gol adversário. Basicamente, além de haver princípios que orientam cada forma de organizar as transições, atletas devem conhecer os principais sinais relevantes para adequadamente identificar situações de risco e oportunidades para definir entre progredir e manter a posse de bola. De maneira geral, situações de inferioridade numérica, recuperação da bola próximo ao gol a defender e ausência de linhas de passe em profundidade indicam a necessidade de busca pela manutenção da posse, evitando o contra-contra-ataque. Por outro lado, situações de recuperação da bola em superioridade numérica, no corredor central (preferencialmente mais distante do gol a atacar) e com atletas à frente da linha da bola, indicam a possibilidade de imediatamente buscar o alcance do gol adversário, aproveitando desajustes defensivos inerentes à transição defensiva da outra equipe. A seguir serão apresentados princípios específicos que norteiam o comportamento dos jogadores em cada uma dessas alternativas para definição da transição ofensiva.

Além dos princípios táticos que norteiam essas ações, ressalta-se, por fim, a influência que variáveis situacionais podem apresentar na preferência momentânea na transição. Situações de vitória/derrota, jogador expulso, momentos diferentes do jogo e local da partida, por exemplo, podem impactar nas decisões dos jogadores durante o jogo, incluindo sua preferência por orientar a transição para a manutenção da posse de bola ou para a progressão no terreno de jogo.

Transição em busca do gol

Verticalização

A busca pela verticalização durante a transição se dá em função da possibilidade de aproveitar os desajustes defensivos adversários para rapidamente progredir e alcançar o gol a atacar. A verticalização depende de uma ação conjugada entre o portador da bola (que, em situação de bola descoberta, busca prioritariamente linhas de passe em profundidade), e os colegas de equipe (que devem fornecer linhas de passe em profundidade). Contudo verticalizar o jogo (buscar aumento na profundidade do jogo) não pode justificar uma desorganização ofensiva da equipe em posse, a qual, caso uma nova troca na posse de bola aconteça, dificultaria uma nova transição defensiva. Assim, deve haver mecanismos e gatilhos inerentes ao modelo de jogo da equipe que orientem o deslocamento em profundidade dos jogadores sem que haja impossibilidade de uma nova transição defensiva. Além disso, não se observando a possibilidade de verticalização do jogo, potencialmente em razão de uma adequada gestão do espaço da equipe em transição defensiva, o posicionamento dos jogadores não pode inviabilizar a entrada em organização ofensiva.

Figura 38 - busca pelas linhas de passe em profundidade

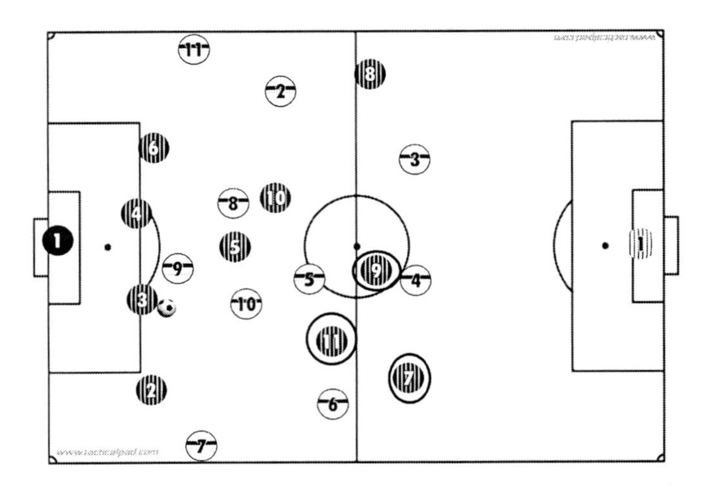

Fonte: os autores

Busca por passes em diagonal

Durante a transição defensiva, os jogadores na defesa buscam, normalmente, um posicionamento voltado para a bola e, via de regra, movimentam-se em direção ao centro de jogo, principalmente no intuito de reduzir o espaço efetivo de jogo e reduzir as chances de progressão. No entanto, paradoxalmente, esse comportamento dos defensores pode ampliar as possibilidades de passe que explorem a diagonal contrária em relação ao local de recuperação da bola, usualmente pouco protegidas pela defesa. Assim, um importante princípio específico na transição defensiva é a identificação de possibilidades de passe em diagonal, nomeadamente nas costas do lateral do lado contrário. Ressalta-se, contudo, a necessidade de pensar esse comportamento na perspectiva de um princípio tático, não de uma regra de ação, uma vez que usualmente vemos jogadores recorrendo de maneira automática a esse recurso, o que aumenta a previsibilidade do jogo ofensivo e, consequentemente, facilita a gestão do espaço para a equipe em fase defensiva. O principal sinal relevante a ser observado pelo portador da bola, para definir-se sobre a possibilidade de realização de passes longos em diagonal, é a posição do lateral contrário. Normalmente, se o lateral do lado contrário apresenta-se muito próximo ao corredor central, via de regra para realizar a basculação defensiva, caso o extrema da equipe em fase ofensiva apresente-se em largura (princípio tático específico de espaço sem bola), tem-se a possibilidade de realização do passe em diagonal com boas perspectivas de sucesso.

Figura 39 - Bolas em diagonal para realização de ações de mobilidade

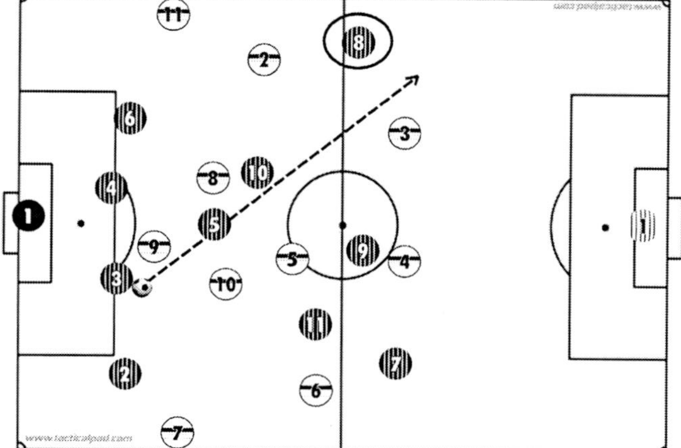

Fonte: os autores

Aproveitamento de desarranjos posicionais da transição defensiva adversária

Também é possível sistematizar a transição ofensiva, em busca do rápido alcance do gol adversário, sem a necessidade da realização frequente passes longos, mais comum na busca pelos na diagonal contrária. Nesse cenário, imagine que uma equipe se posicione, em organização defensiva, em duas linhas de quatro. Naturalmente, durante a organização ofensiva, o posicionamento dos jogadores estará (pelo menos um pouco) distante dessa estrutura desejável para a organização defensiva. Assim, durante a transição, é natural que os jogadores busquem, por meio das suas movimentações, reorganizar as linhas de defesa para entrar em organização defensiva em um contexto mais estável, previsível. Diante disso, cabe aos jogadores no ataque identificar espaços nesse estado de transição inerentes ao ajuste posicional dos jogadores de defesa e explorar esses espaços para progredir rapidamente no campo de jogo. Usualmente, tais espaços se apresentam nas linhas de meio-campo da equipe em defesa, as quais tendem a apresentar movimentações mais divergentes no momento de organização ofensiva.

Transição em busca da posse

Retirada da bola da zona de maior pressão

O local em que a bola é recuperada é, normalmente, objeto de direcionamento da atenção pelos jogadores em transição defensiva. Diante disso, observa-se uma dificuldade nos jogadores em transição ofensiva em manter a posse de bola se ela permanecer no mesmo local em que foi recuperada, resultado da tentativa de congestionamento do espaço (para impedir a progressão) por parte dos jogadores em fase defensiva. Assim, o primeiro princípio tático que orienta a ação dos jogadores na transição ofensiva direcionada à manutenção da posse de bola é a retirada da bola do centro de pressão. Para tal, o principal sinal relevante a ser observado pelo portador da bola é a posição do colega imediatamente livre, o qual, por sua vez, deve direcionar sua atenção à criação de linhas de passe que ofereçam pouco risco para interceptações.

Figura 40 - Retirada da bola da zona de pressão

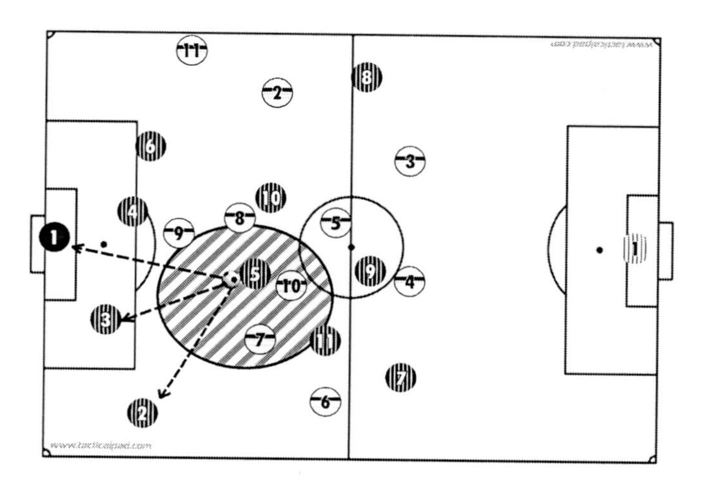

Fonte: os autores

O complemento para a ação de retirada da bola da zona de maior pressão é o estabelecimento de bolas de segurança pelos jogadores em transição (também representadas na figura anterior). Nesse contexto, deve-se estabelecer uma lógica posicional que permita, principalmente aos jogadores mais próximos ao gol, defender (incluindo o goleiro) a imediata criação de linhas de passe que se apresentarão como suportes ao portador da bola. Se for estabelecimento um eficiente sistema de criação de bolas de segurança, o portador da bola poderá direcionar sua atenção mais rapidamente àqueles jogadores usualmente responsáveis por essa linha de passe e ter a tomada de decisões facilitada.

Lateralização do jogo

Naturalmente, equipes durante a fase defensiva (tanto na transição, quanto na organização) buscam proteger o corredor central do campo de jogo, local que apresenta mais riscos para a equipe na defesa. Diante disso, é também natural que se observem linhas de passe menos pressionadas nos corredores do campo. Ainda que, por diversas vezes, essas linhas de passe não permitam a progressão no campo de jogo, distanciando a bola do gol adversário, elas podem ser utilizadas como recurso em situações de transição ofensiva orientada para a manutenção da posse. Normalmente a lateralização do jogo complementa a lógica de retirada da bola do centro de pressão.

Figura 41 - Busca por linhas de passe laterais

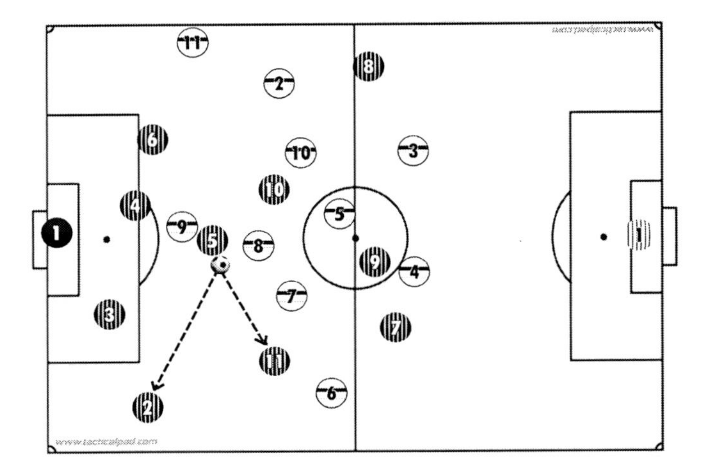

Fonte: os autores

Busca pelo rearranjo posicional para a organização ofensiva

Por fim, ressalta-se que a transição orientada para a manutenção da posse não visa a um fim em si próprio, mas sim a dar condições à equipe para permanecer com a bola enquanto entra em organização ofensiva. Diante disso, se por um lado os jogadores devem, imediatamente após a recuperação da bola, oferecer suporte ao portador da bola para garantir linhas de passe de segurança; por outro lado, sua movimentação não pode criar desajustes posicionais que os coloquem em uma situação desvantajosa para a organização ofensiva. Assim, faz-se necessário pensar a transição ofensiva e a organização ofensiva como processos intrinsicamente integrados, apenas didaticamente separados para a apresentação dos conteúdos. Portanto, as movimentações dos jogadores devem ter como fim esperado o estabelecimento da melhor plataforma e dinâmica possíveis para o momento de organização ofensiva.

Figura 42 - Ações de rearranjo posicional visando o momento de organização ofensiva em um 1-4-2-3-1

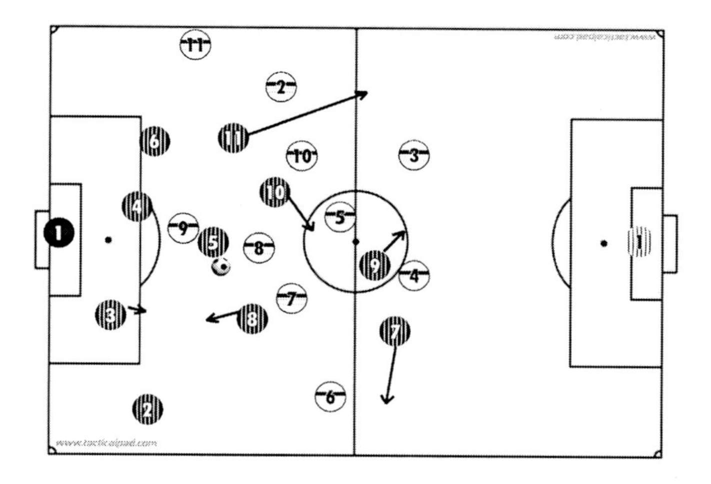

Fonte: os autores

CAPÍTULO 3

PRINCÍPIOS DO TREINAMENTO TÁTICO NO FUTEBOL

3.1 O FUTEBOL COMO UM SISTEMA

Atualmente, a discussão acerca da preparação tática das equipes apresenta-se influenciada pelos conceitos estabelecidos na "Periodização Tática". Não é objeto deste livro discutir essa proposta metodológica, o que já foi realizado previamente na literatura[6]. Embora não se observem estudos nos quais a validade da Periodização Tática para produzir adaptações relacionadas ao modelo de jogo seja avaliada, considera-se importante a contribuição teórica para repensar o processo de ensino-aprendizagem--treinamento apresentado tradicionalmente no futebol. Nesse contexto, na medida em que o referencial teórico da presente obra possui congruências com o referencial utilizado na Periodização Tática (ainda que esta proposta careça, na nossa opinião, de um livro-texto de referência para que estudos aplicados avancem na sua compreensão), alguns conceitos podem apresentar-se similares.

O entendimento do jogo de futebol como um sistema foi apresentado na parte inicial deste livro. Neste momento, cabe-nos discutir princípios característicos dessa abordagem sistêmica antes de entrarmos, de fato, no pensamento acerca do processo de treinamento tático no futebol. Nesse contexto, na medida em que se entende o futebol sob uma abordagem sistêmica (GARGANTA; GRÉHAIGNE, 1999), emergem quatro conceitos que merecem destaque: globalidade, interação, finalidade e regulação.

A globalidade é entendida como uma propriedade fundamental (BERTALANFFY, 2008). Por meio desse conceito, sugere-se que um sistema é mais do que a soma das partes que o compõem, isto é, um sistema possui propriedades próprias, diferentes dos estados dos seus componentes (BERTRAND; GUILLEMET, 1988). Esse conceito, embora se origine

[6] Para maiores detalhes, recomendamos consultar a literatura específica (PIVETTI, 2012; SILVA, 2008; TAMARIT, 2007).

em ambientes distantes do esportivo (e, consequentemente, do futebol), é facilmente percebido no ambiente do jogo. Se, por um lado, jogadores com elevada capacidade de jogo, sob os quais se depositam expectativas de performance superior, podem não formar um sistema de alto nível (uma boa equipe), por outro lado, o futebol apresenta frequentemente exemplos de equipes com desempenho satisfatório formadas por jogadores com baixa expectativa agregada. Essa sensação de "encaixe" não é sinônimo da contratação de bons jogadores em todos os casos; mas, na verdade, traduz a ideia de globalidade no jogo.

O conceito de interação (também entendido como "fluxo" em alguns textos) permite compreender que, dentro de um sistema, as partes envolvidas realizam "transações" (BERTRAND; GUILLEMET, 1988), canais de troca de informação que permitem o compartilhamento de planos, ideias e conhecimento. No jogo de futebol, esse conceito se manifesta em dois contextos bastante comuns. Por um lado, estratégias de comunicação verbal e não verbal permitem que colegas de equipe compartilhem ideias para a melhoria de performance coletiva durante um jogo (o que pode ser facilmente percebido pelo estabelecimento de sinais para a realização de manobras ensaiadas – mas de forma alguma se resumem a isto). Por outro lado, a própria dinâmica do jogo apresenta momentos de comunicação por meio das ações táticas adotadas pelos jogadores que configuram momentos de interação. Um exemplo, frequentemente investigado na literatura, é o momento do passe, entendido como o estabelecimento formal da cooperação no âmbito da *Social Network Analysis* (CLEMENTE; MARTINS; MENDES, 2016; LUSHER; ROBINS; KREMER, 2010; PASSOS *et al.*, 2011). Esse conceito permitiu, nos últimos anos, o estabelecimento de protocolos para investigação dos padrões de interação estabelecidos por jogadores de futebol durante o jogo formal (CLEMENTE *et al.*, 2015, 2016) e o treino (PRAÇA *et al.*, 2017b).

A lógica da finalidade de um sistema ampara-se no estabelecimento comum, compartilhado, de objetivos para as partes do sistema (BERTRAND; GUILLEMET, 1988). O futebol apresenta-se como um sistema aberto, logo resultados de sucesso podem ser obtidos a partir de diferentes condições iniciais (as quais podem ser entendidas como nível dos jogadores, passado recente da equipe, condições socioeconômicas, expectativa dos torcedores). Nesse ponto, a finalidade apresenta-se em dois níveis. Num primeiro, mais macroscópico, tem a ver com o estabelecimento de metas a médio e curto prazo para a equipe. Num segundo, tem a ver com o estabelecimento micro dos objetivos individuais dos jogadores em cada momento do jogo, em cada circunstância. Como exemplo, pode-se estabelecer objetivos diferentes de comportamentos e resultados para jogadores de diferentes posições associados a indicadores técnico-táticos (finalizações, desarmes, passes) ou de gestão do espaço de jogo (prevalência de determinados princípios táticos). Os objetivos individuais de uma organização devem respeitar o objetivo global da organização, de forma que um comportamento cooperativo seja enfatizado e produza, de acordo com a lógica da globalidade, um todo maior do que a soma das partes.

Por fim, nas organizações humanas (sendo uma equipe de futebol um bom exemplo), é necessário garantir que as ações empregadas durante o processo estejam em consonância com os objetivos da organização (BERTRAND; GUILLEMET, 1988; GIBSON; IVANCEVICH; DONNELLY JR., 1981), o que representa o conceito de "regulação". É a regulação que garante que a finalidade de uma organização seja alcançada. Ao imaginar-se um jogo de futebol, a regulação é dada pelos princípios táticos (discutidos no último capítulo). Quando uma equipe estabelece um plano de jogo caracterizado pelo ataque apoiado, busca de aproximações e progressão em segurança no campo de jogo, apenas será capaz de fazê-lo se os atletas executarem, permanentemente e de maneira bem-sucedida, princípios táticos fundamentais de cobertura ofensiva e espaço e dominarem os princípios específicos característicos desta forma de atacar. A inobservância desses comportamentos por qualquer parte o sistema resulta, frequentemente, em desempenhos coletivos insatisfatórios.

Apesar de excessivamente teóricos e pensados em contextos distantes do ambiente do futebol, os conceitos anteriormente apresentados encontram-se imbricados na ideia de "Modelo de jogo", frequentemente difundida nos fóruns e ambientes práticos do futebol. A compreensão desses conceitos permite maior clareza na compreensão do tópico seguinte, no qual a concepção do modelo de jogo será discutida.

3.2 MODELO DE JOGO

O nível do jogo alcançado por uma equipe de futebol resulta de um complexo processo de treinamento, capaz de otimizar características individuais por meio de um plano coletivamente coerente. Nesse contexto, uma equipe de futebol comporta-se como um sistema suscetível à manifestação de comportamentos que, embora não pré-determináveis (em função da característica de imprevisibilidade do jogo), são potencialmente antecipáveis (GARGANTA, 1997). Dessa característica potencialmente previsível da equipe, surgem os "padrões de jogo".

Nesse contexto, entende-se o modelo de jogo como a forma com a qual os jogadores de determinada equipe relacionam-se e como expressam sua forma de ver o jogo (SILVA, 2008). Não se pode resumir o modelo de jogo à dimensão posicional dos jogadores no campo – tal qual o conceito de tática não se resume a isso, conforme discussão apresentada no primeiro capítulo. O modelo de jogo compreende também a dimensão funcional do jogar pretendido, a qual se funda no estabelecimento – ao nível dos jogadores, mas também ao nível da equipe como um todo – dos conceitos e princípios táticos que nortearão o jogar pretendido, além das dimensões posicional e organizacional previamente abordadas.

Nesse entendimento, a tomada de decisão de um jogador durante uma partida não é aleatória; ou seja, apesar das particularidades do contexto, o jogador é condicionado a decidir em função do projeto de jogo da equipe e, portanto, dos seus princípios. Assim, o modelo de jogo permite condicionar as escolhas dos jogadores para um padrão de possibilidades, ou seja, orienta as decisões dos jogadores (SILVA, 2008). Ressalta-se, porém, que o comportamento dos jogadores e das equipes não resulta em algo estável, estanque, havendo alterações em um mesmo jogo (em função do resultado momentâneo da partida) ou em diferentes jogos (em função do local da partida, por exemplo) (LAGO, 2009). Além disso, mudanças são observadas ao longo dos anos em relação às características do jogo das equipes (BARREIRA *et al.*, 2015), o que indica a necessidade de constante reflexão sobre os princípios de jogo apresentados em obras científicas.

O modelo de jogo constitui-se a partir da interação entre as perspectivas pessoais do treinador (e da comissão técnica em uma perspectiva mais holística), das características individuais dos atletas, da cultura e da situação do clube (as quais impactam na expectativa do jogar historicamente construídos por torcedores, diretores e atletas). Não se trata, assim, de impor uma "forma de jogar" desconsiderando os demais atores envolvidos no processo (o que certamente aumentará as chances de fracasso), mas sim de permitir que o melhor jogar possível face às condições atuais se manifeste.

A construção de um modelo de jogo – e a necessária explicitação desse modelo para todos atores envolvidos – permite claro direcionamento do processo de treinamento no futebol. Na prática, não se treina para um jogar qualquer, e sim para um jogar específico, inerente ao modelo de jogo concebido. Não se trata, assim, de um treinar qualquer, mas de um treinar para um jogar específico (TAMARIT, 2007).

Entendido o papel nuclear do modelo de jogo na planificação do processo de treinamento no futebol, serão apresentados na sequência os princípios metodológicos que orientam a efetivação deste modelo no futebol.

3.3 MATRIZ CONCEITUAL: PRINCÍPIOS METODOLÓGICOS DO TREINAMENTO

3.3.1 Princípio da Especificidade

No treinamento esportivo, o princípio da especificidade aponta que as adaptações resultantes do treinamento são específicas à natureza do estímulo "estressante" (REILLY; MORRIS; WHYTE, 2009). Essa definição, presente em diferentes contextos do treinamento esportivo, origina-se na perspectiva da preparação física, de forma que o estresse energético e metabólico orientaria as adaptações observadas. Em outras palavras, é necessário que o treinamento "reproduza" a exigência do jogo para gerar adaptações transferíveis para o próprio jogo.

A primeira questão emergente quando se observa esse conceito, tem a ver com a lógica de reprodução do jogo. Se bastasse alcançar estímulos "específicos" do jogo para gerar adaptações, não seria suficiente submeter os atletas constantemente ao jogo formal (11x11) para que eles tornassem progressivamente mais aptos a praticar o jogo? É claro que não é a essa especificidade que nos referimos quando falamos do alcance de estímulos específicos do jogar pretendido para a equipe.

Nesse trabalho, entende-se a lógica da especificidade em consonância com o trabalho de Silva (2008), a qual se distingue da especificidade de esforço que a teoria e metodologia de treino convencional desenvolveu. Nesse âmbito, a efetiva caracterização energético-funcional da modalidade permite o treino em especificidade (LINDQUIST; BANGSBO, 1993; MICHAILIDIS, 2013), por exemplo, por meio de pequenos jogos (à luz da abordagem conhecida como Treino Integrado). No entanto a especificidade tratada, quando nos referimos ao treinamento tático, não se relaciona (exclusivamente) com a garantia de estímulos físicos característicos da modalidade. Na verdade, propõe-se que as tomadas de decisão características do modelo de jogo idealizado sejam o centro da planificação de uma atividade. Isso implica treinar a capacidade tática por meio de jogos direcionados para o jogar pretendido, e não pequenos jogos genéricos, depreendidos de uma lógica sistematizada para o desenvolvimento de determinada competência tática.

A essa lógica interna, que orienta o estabelecimento de conteúdos e meios de treino no futebol (com vistas, no caso específico desta proposta, à aprendizagem tática), compreende a articulação dos princípios, subprincípios e subprincípios de subprincípios de cada momento de jogo (SILVA, 2008). Ou seja, garantir a especificidade não implica garantir que a tarefa proposta seja representativa do jogo formal (por exemplo, contendo ataque, defesa e transições), mas sim garantir que as respostas prioritariamente demandas dos atletas, durante sua execução, representem aquelas respostas exigidas pelo Modelo de Jogo. A implicação direta disso é que não há jogos pré-fabricados, transversais aos Modelos de Jogo, mas sim estruturas organizacionais das tarefas que devem ser ajustadas pelo treinador às necessidades da sua equipe (em consonância com o planejamento de curto, médio e longo prazo).

Em suma, para garantir a especificidade das tarefas de treino é primordial conhecer as exigências do jogo (e não de um jogo qualquer, mas do jogo específico de cada equipe). A partir daí, é necessário que as tarefas de treino contemplem as exigências, do ponto de vista dos princípios táticos e sinais relevantes necessários à tomada de decisão, que caracterizam tal jogar.

3.3.2 Princípio das Propensões

Enquanto treinador, imagine que você deseja melhorar nos seus atletas a capacidade de realizar penetrações (vide conceito no capítulo 2) durante o jogo. De forma a estimular o desenvolvimento do princípio nos seus atletas, organiza-os em um jogo, na estrutura 6x6, no qual a equipe deve ultrapassar a linha de fundo adversária, por meio de uma condução de bola, para obter o ponto (veja figura a seguir).

Figura 43 - Jogo 6x6

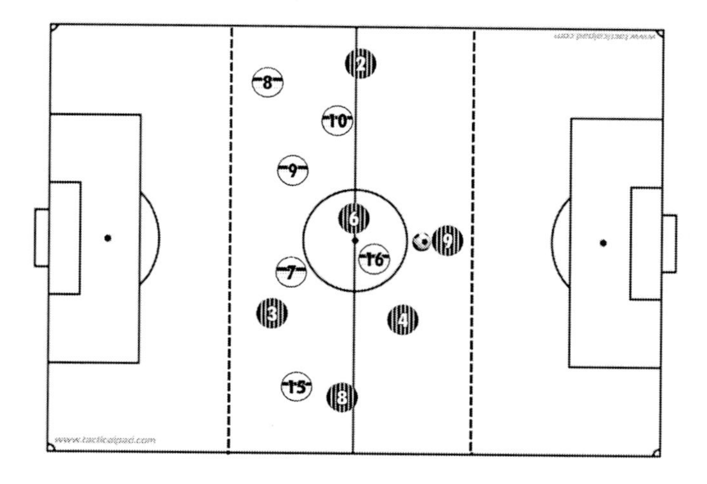

Fonte: os autores

Antes da realização do jogo, você solicitou a um membro da comissão técnica que filmasse a execução, de forma que vocês poderiam, ao final da tarefa, analisar o que efetivamente foi treinado. Após o treino, todos se dirigem à sala de vídeo e iniciam a análise da tarefa. Durante a análise, vocês buscam responder às seguintes perguntas: quanto tempo do jogo os atletas passaram executando efetivamente a penetração? Quantas penetrações foram efetivamente realizadas por cada atleta? A penetração foi o princípio tático mais evidente durante a realização da tarefa?

Àqueles que estão no início da caminhada como treinadores, recomendo o teste anterior de forma a comprovar, empiricamente, o conceito do Princípio das Propensões. Ao recolher o material e analisá-lo, vocês certamente chegarão ao resultado de que na estrutura proposta, o número de ações de penetração e o tempo dedicado a esse princípio são muito reduzidos em relação a outros princípios táticos, como espaço e cobertura ofensiva (apenas para citar os ofensivos). Cada atleta, independentemente da duração do jogo, executará mais ações de passe (muitos dos quais para trás, caracterizando ações de espaço com bola) do que de condução. Se separarmos apenas as ações de condução, você observará que grande parte delas ocorrerá para os lados ou para trás (novamente, ações de espaço com bola), reduzindo ainda mais a ocorrência de ações de penetração. Diante disso, você provavelmente entenderá que essa atividade não privilegia o aparecimento do princípio objetivado na sessão de treino. Ao entender isso, você terá chegado ao conceito de Princípio das Propensões.

O Princípio das Propensões consiste em garantir, na tarefa proposta, que um grande percentual o que se quer alcançar durante o treino efetivamente apareça (TAMARIT, 2007). Para tal, solicita-se que a tarefa proposta deva ser condicionada de forma que os comportamentos pretendidos emerjam constantemente. Não se trata de um repetir, por repetir, característica das propostas associacionistas (a exemplo do método analítico) comumente adotadas no ensino da técnica, mas sim de repetir a execução do princípio em um contexto de elevada aleatoriedade e variabilidade. Na prática, trata-se de incitar a realização contínua do princípio desejado em um ambiente no qual múltiplos sinais relevantes se apresentam.

Agora imagine que, novamente, seu objetivo, na sessão de treino, é melhorar o desempenho na execução do princípio tático fundamental de penetração. Diante do conceito de Princípio das Propensões apresentado, você propõe outra lógica para a tarefa anteriormente apresentada. Agora, em vez de um jogo na estrutura 6x6, você divide os mesmos 12 jogadores em quatro campos menores, de forma em que haja em cada espaço um jogador no ataque, um jogador na defesa e um curinga (1x1+1). A regra do jogo é a mesma: o objetivo é passar pela linha de fundo para marcar pontos. Ao curinga não é permitido conduzir a bola, apenas servir como suporte ao portador da bola. O atacante, nesse momento, passa a ter elevada demanda pelo sucesso na penetração, precisará constantemente ler sinais relevantes como a posição do defensor e o local do campo em que está de maneira a decidir a melhor forma de executar o princípio da penetração. A figura a seguir exemplifica a estrutura proposta.

Figura 44 - jogos 1x1+1

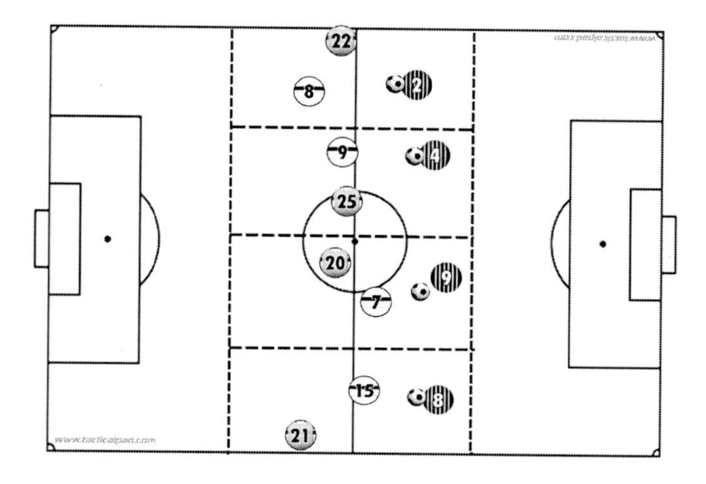

Fonte: os autores

Diante da nova configuração da tarefa proposta, você, então, refaz a análise de vídeo. Certamente perceberá um significativo aumento na incidência do princípio tático fundamental a ser treinado; perceberá que cada atleta realizará um número muito maior de vezes do que fazia na tarefa anterior (permanecendo, por mais tempo, com a atenção focada para os sinais relevantes inerentes à penetração). Nesse momento caminha-se para o alcance do Princípio das Propensões no treino.

Ressalta-se, por fim, que o cumprimento do Princípio das Propensões se dá em permanente interação com o Princípio da Especificidade. Solicita-se pensar estruturas de treino que, ao mesmo tempo, garantam que o estímulo a ser treinado seja específico ao Modelo de Jogo e que esse princípio apareça, durante a sessão de treino, em quantidade suficiente para gerar adaptações nos atletas.

3.3.3 Princípio da progressão complexa

Imagine duas tarefas de treino. No contexto A, temos um jogo na estrutura 4vs4 (mais goleiros), sem regras específicas, no qual os jogadores objetivam marcar mais gols que os adversários para vencer o jogo. No contexto B, temos novamente a estrutura 4vs4, mas nela observamos limitação de toques na bola (máximo 2), com a regra de que os gols valem mais pontos se forem obtidos após a circulação da bola nos três corredores. Qual dos jogos é mais complexo? Mesmo que ainda não tenhamos definido o termo adequadamente, você certamente responderá "contexto B". Na sequência perguntamos: qual dos jogos é mais difícil? No momento exato em que você, novamente, responderia "contexto B", interrompemos sua fala para acrescentar uma informação. O contexto A é realizado por um grupo de jogadores sub-9, com pouca ou nenhuma experiência com futebol. Já o contexto B é realizado por atletas da categoria sub-20 de uma equipe de alto nível, todos com experiência profissional. Qual jogo é, então, mais difícil?

A progressão longitudinal dos conteúdos no modelo proposto neste livro apoia-se na lógica do princípio da complexidade. Essa lógica será discutida com mais detalhes no capítulo 6. No momento, cabe-nos apresentar o princípio da complexidade à luz do conceito difundido por meio da Periodização Tática. Nesse âmbito, entende-se a complexidade intimamente relacionada com a interação estabelecida entre as partes que compõem um sistema. Nesse contexto, duas variáveis são importantes ao se analisar o nível de complexidade de uma tarefa: o número de possíveis interações e a intensidade destas interações. No primeiro ponto, sugere-se que quanto maior o número de praticantes e regras e variantes táticas são permitidas em uma mesma tarefa, maior a complexidade. Por exemplo, situações de troca de marcação não podem ser favorecidas em situações de 2x1, na medida em que o defensor tem como opções apenas retardar o ataque, fechar linhas de passe ou tentar roubar a bola. Por outro lado, ao incluir-se um defensor adicional (2x2), além dos conteúdos anteriormente listados, o defensor, caso seja superado por um atacante, tem a opção de realizar uma troca de marcação e manter uma eficiente gestão do espaço na fase defensiva. Na medida em que essa última opção não existia no primeiro momento (jogo 2x1), considera-se que o aumento no número de jogadores incidiu em um aumento no número de possibilidades de ação (isto é, meios táticos disponíveis), o que conduz, dessa forma, a uma maior complexidade da tarefa.

Por outro lado, a caracterização do nível de complexidade da tarefa pode ser feita em função da intensidade das interações estabelecidas entre as partes do sistema. É a existência dessa intensidade que permite a diversos autores afirmar que "o todo é mais do que a soma das partes"

(BERTRAND; GUILLEMET, 1988). Nesse ponto, considere a seguinte situação: crianças de 8 anos de idade jogando, na rua, uma partida de 2x2, mesma tarefa utilizada no exemplo anterior. Durante o jogo, um dos defensores é driblado por um atacante e encontra-se cara a cara com o goleiro. O segundo defensor teria a possibilidade de realizar uma troca de marcação; mas, por desconhecer esse meio tático, continua o acompanhamento individual ao atacante sem bola e assiste, à distância, a marcação do gol pelo atacante (figura a seguir). Nesse momento, embora a tarefa permita a utilização do meio tático "troca de marcação", a inexistência de interação entre os jogadores na defesa leva a uma excessiva simplificação do número de opções. Logo, se o marcador do atacante sem bola não conhece o meio tático, ele sequer considera sua execução. Assim, apesar de o jogo possuir dois jogadores na defesa, na prática há dois confrontos 1x1, não observando-se, dessa forma, interação efetiva entre os jogadores de defesa para a gestão do espaço de jogo.

Figura 45 - Situação de encaixe individual no jogo 2x2 sem troca de marcação

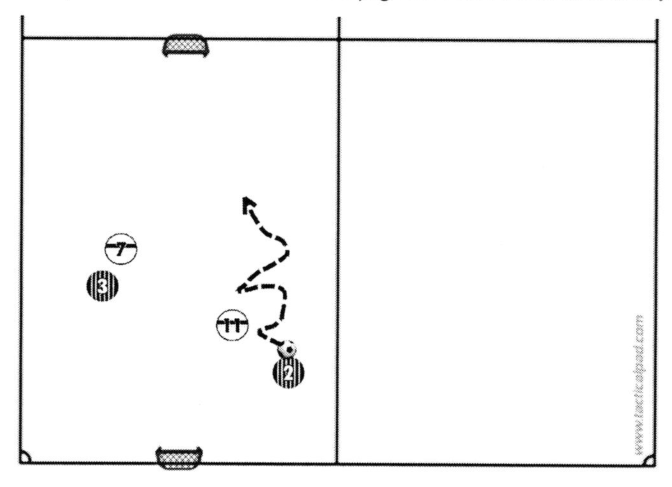

Fonte: os autores

Agora imagine que essas mesmas crianças continuaram praticando futebol (seja de maneira não formal – na rua – seja em ambientes formais – como escolas de esportes) e passaram a conhecer o meio tático de "troca de marcação". Durante o final de semana, marcam um novo jogo 2x2 e, durante a partida, a mesma situação acontece: um defensor é driblado por um marcador. O segundo marcador, que acompanhava à distância o atacante sem bola, decide auxiliar o colega da defesa e realiza uma troca de marcação. A troca de marcação permite que a defesa se reorganize e não sofra o gol (figura a seguir, situação B). Nesse momento, observa-se efetiva interação entre os jogadores de defesa para a gestão do espaço de jogo. O comportamento cooperativo criou, para os defensores, uma nova possibilidade de resposta para a mesma situação problema. Dessa forma, na medida em que o "novo jogo", vivenciado após a aquisição do conhecimento relacionado ao meio tático de "troca de marcação", traz novas opções de decisão, considera-se que o jogo apresenta maior complexidade. Ou seja, o mesmo jogo pode tornar-se mais complexo na medida em que os praticantes assimilam, criam e (re)inventam regras de ação e comportamentos táticos.

Figura 46 - Situação de jogo 2x2 com encaixes individuais e troca de marcação

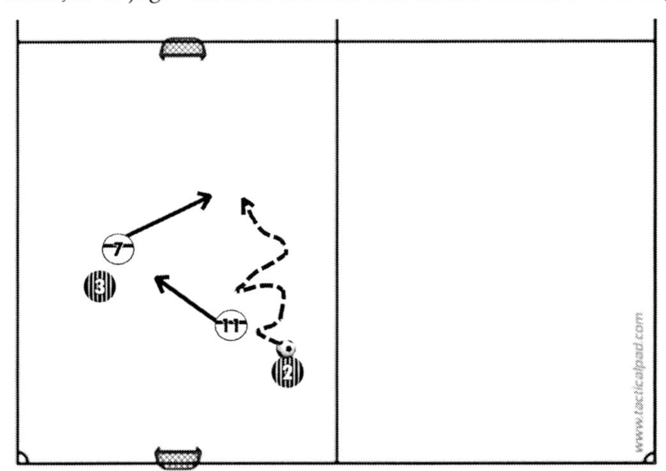

Fonte: os autores

Dessa forma encerramos a parte 1 deste livro. Nesta parte discutimos os "o quês" e os "porquês" relacionados ao treinamento tático no futebol. Embora teoricamente mais densa, essa abordarem permitirá apropriação mais crítica do conteúdo disponível na sequência do livro. Assim, recomenda-se não entender os "comos" e "quandos" discutidos a seguir como receitas de bolo ou "fórmulas do sucesso", mas sim como referenciais teórico-práticos para a (re)configuração do processo de treinamento tático no futebol. Essa (re)configuração depende, sobremaneira, da capacidade do treinador em transformar as ideias aqui apresentadas em respostas para a realidade e a necessidade da sua equipe e dos seus atletas.

PARTE 2

COMEÇA O JOGO – ESTRUTURAÇÃO DO TREINAMENTO TÁTICO NO FUTEBOL

CAPÍTULO 4

MODELO PENDULAR DO TREINAMENTO TÁTICO NO FUTEBOL

4.1 INTRODUÇÃO

Antes de propormos um aprofundamento no conteúdo tático do processo de treinamento no futebol, sugerimos uma compreensão relacionada com a delimitação do escopo deste livro. Essa delimitação auxiliará o leitor no entendimento da justificativa da ênfase que atribuímos a determinados conteúdos – eminentemente táticos – em detrimento de outros conteúdos inerentes ao processo de treino – por exemplo, físicos, técnicos e psicológicos.

O desempenho no jogo de futebol é, por essência, multifatorial, caracterizado pela interdependência dinâmica de componentes de ordem tática, técnica, física e fisiológica. Tal contexto traduz-se em uma elevada complexidade na tarefa de planificar o processo de treino, principalmente em função da influência que uma variável pode apresentar na outra. Esse fato demanda visões sistêmicas e holísticas do fenômeno do treinamento esportivo.

Diante do apresentado, cabe-nos reconhecer avanços advindos de áreas da Pedagogia do Esporte, Psicologia do Esporte, Comportamento Motor, Biomecânica, Controle da Carga, Fisiologia do Exercício, Medicina do Esporte, entre outras, no desenvolvimento de meios e métodos para evolução qualitativa do processo de treino. Como resultado, observa-se uma melhoria da condição dos atletas, em diversos níveis, repercutindo em jogos com exigência cada vez maior.

Nesse contexto, nossa deliberada ênfase no treinamento tático no futebol neste livro não visa a negar a existência de outras áreas do conhecimento. Contudo a falta de materiais didáticos na área – evidente ao compararmos o volume de publicações na área de treinamento tático no futebol com a área de treinamento físico no futebol [7]– torna árdua a tarefa do treinador em desenvolver conteúdos táticos no processo de treino. O resultado observado é, normalmente, uma parca profundidade na planificação do treino tático, confundindo aprendizagem implícita – válida e importante para o desenvolvimento cognitivo (REBER, 1992) – com ensino implícito – cenário no qual o treinador sequer sabe o que vai ensinar. Portanto, os conceitos aqui discutidos apresentam-se como parte do complexo processo de formação esportiva, o qual não se resume ao treinamento tático (mas encontra nele um importante pilar).

Diante disso, o objetivo do processo de treino, independentemente da concepção pedagógica à qual está associado, consiste na busca da melhoria qualitativa e quantitativa do desempenho coletivo e individual (TEOLDO; GUILHERME; GARGANTA, 2015) específico para a modalidade em questão. No futebol, esse processo orientou-se por diferentes escolas ao longo das últimas décadas, com implicações na forma de conceber os conteúdos de treino e planificar, longitudinalmente, o ensino-aprendizagem-treinamento (E-A-T) dos jogadores.

Inicialmente, propostas de ensino dos Jogos Esportivos Coletivos (JEC), incluindo o futebol, apresentaram uma visão analítica baseada em teorias associacionistas dos componentes da performance a partir de tendências originárias do Leste Europeu, essencialmente orientada para os esportes individuais. Os autores por trás dessa visão acreditavam que a separação das dimensões técnica, tática, física e psicológica – inerentes à performance no jogo –, durante o treino, permitiria a maximização do seu desenvolvimento de forma autônoma e resultaria em uma melhoria da proficiência na situação de jogo. Nesse contexto, observa-se uma rápida melhora da capacidade de execução da técnica, embora os movimentos aprendidos se caracterizem pela inflexibilidade e inadaptabilidade aos diferentes contextos do jogo (BUNKER; THORPE, 1982). Assim, o jogador aprende o "como fazer", mas apresenta dificuldades na hora de aplicar esse aprendizado no jogo por não ter desenvolvido paralelamente o conhecimento sobre "o que fazer" "onde fazer" e "quando fazer".

---

[7] Em busca realizada no dia 26 de agosto de 2018, observou-se um total de 12.800 menções ao termo "Treinamento Tático no Futebol" (a grande maioria em trabalhos que não investigaram o conceito, mas apenas o mencionaram) no portal "Google Scholar", enquanto a mesma busca revelou 33.600 resultados para treinamento físico no futebol. Em língua inglesa, o termo "Tactical training soccer" tem, no mesmo local de busca, 29.400 registros, enquanto o termo "Physical training soccer" tem 298.000 registros.

Contrapondo essa visão, surgem métodos apoiados no ensino por meio de situações de jogo, por exemplo, o método situacional (GRECO; BENDA, 1998; KROGER; ROTH, 2002; PINHO *et al.*, 2010), no qual a ruptura com o ensino do jogo por meio da fragmentação dos componentes da performance foi possível pela apresentação de uma combinação de jogos reduzidos e tarefas táticas em pequenos grupos que contivessem a estrutura e dinâmica do jogo formal (GRAÇA; MESQUITA, 2007; GRECO, 1989; REVERDITO; SCAGLIA; PAES, 2009). A necessidade de considerar a dinâmica inerente ao jogo formal, caracterizada pela imprevisibilidade e complexidade da ação (GARGANTA, 2009, 1994), evidencia a primeira sistematização do ensino do futebol por meio dos pequenos jogos.

Para além da visão do ensino por meio de métodos – a exemplo do analítico ou do situacional -, autores sugerem a sistematização do processo de ensino orientado por um modelo, conceitualmente mais abrangente do que a proposta de um método. Por meio desse modelo, obtém-se uma perspectiva mais compreensiva e integral do processo de ensino (GRAÇA; MESQUITA, 2013) e permite-se a elaboração de um plano global e uma abordagem de ensino-aprendizagem coerente (METZLER, 2011). Os modelos aparecem, desse modo, como um avanço em coerência e intencionalidade relativamente às ideias mais fragmentárias de estratégias, procedimentos e habilidades de ensino (GRAÇA; MESQUITA, 2013). Aportes recentes sugerem resultados positivos da abordagem baseada nos modelos de ensino (*model-based approach*) no desenvolvimento de domínios cognitivos, afetivos e motores em unidades didáticas de diferentes modalidades esportivas (METZLER, 2011).

Dentre os modelos de ensino, apresenta-se transversal a possibilidade de utilização do método situacional como forma de conferir especificidade ao treinamento tático-técnico. Propostas como o *Teaching Games for Understanding* (TGFU) (BUNKER; THORPE, 1982) – traduzido livremente como "Ensino dos Jogos pela Compreensão", Modelo de Competência dos Jogos de Invasão (MUSCH *et al.*, 2002) e Iniciação Esportiva Universal (GRECO; BENDA, 1998), compartilham a ideia de que a aprendizagem da técnica essencialmente fragmentada em relação ao jogo pode limitar sua utilização diante do contexto complexo da ação nos JEC e utilizam os Pequenos Jogos, sob diferentes perspectivas, como meios no processo de E-A-T.

Desses modelos, o TGFU apresenta-se como o precursor teórico de uma série de propostas formuladas nos anos seguintes. Nele, os "porquês", ou a compreensão da lógica do jogo, são predecessores do ensino da técnica. Seja na proposta original de seis fases (BUNKER; THORPE, 1982), seja na adaptação do modelo feita anos depois (KIRK; MCPHAIL, 2002), formas de jogo manipuladas por amostragem, exagero, representação e complexidade tática refletem o meio fundamental de evitar a dicotomia entre técnica e tática (GRAÇA; MESQUITA, 2013), e a ferramenta para promover o aprendizado situacional é o jogo reduzido (ou pequeno jogo).

Em comum com o TGFU, o modelo de competência nos jogos de invasão sugere a escolha de formas modificadas de jogo, em conformidade com a capacidade de jogo dos alunos (MUSCH *et al.*, 2002). No modelo existem duas formas de exercitação que apresentam os pequenos jogos como meios no processo de ensino: formas básicas de jogo, entendidas como versões modificadas do jogo formal apropriadas ao nível de jogo dos alunos, desenhadas para facilitar as respostas dos alunos perante os problemas específicos estruturais dos jogos de invasão; e formas parciais de jogo, nas quais os alunos devem resolver, em cenários privilegiados (impondo condições, regras e modificações nas tarefas), os problemas estratégicos específicos do jogo relacionadas com as condicionantes estruturais dos jogos de invasão (GRAÇA; MESQUITA, 2013).

Se, por um lado, modelos de ensino como o TGFU e o Modelo de Competências dos Jogos de Invasão apresentam na sua estrutura um processo de aquisição de conhecimento de maneira formal, centrados na aprendizagem explícita; por outro lado, abordagens recentes amparam-se na importância da aprendizagem implícita (REBER, 1989), particularmente nos momentos de iniciação esportiva e com crianças e adolescentes na faixa etária dos 6 aos 12 anos de idade. Dentre essas abordagens, a Escola da Bola (KROGER; ROTH, 2002) e a Iniciação Esportiva Universal – IEU – (GRECO; BENDA, 1998) são objeto de investigações nos últimos anos.

Tais propostas, porém, possuem matriz teórica fortemente voltada para o processo de iniciação esportiva. Marcadamente, as propostas trazem a ideia de universalização do acesso ao esporte, por meio do fomento à capacidade decisional geral e aos aspectos coordenativos (principalmente nas propostas da Escola da Bola e do IEU). Nesse aporte defendemos a importância da variação dos estímulos na fase de iniciação esportiva em contraponto à comum especialização observada em diversos cenários. Contudo, em fases mais avançadas do processo de formação esportiva, espera-se uma maior ênfase nos conteúdos específicos da modalidade, o que demanda uma proposta adicional à supracitada iniciação universal. Nesse ponto emerge o Modelo Pendular de Treinamento Tático-técnico.

O Modelo Pendular de Treinamento Tático-Técnico apresenta-se como proposta pedagógica para as fases de especialização, aproximação e especialização no alto nível de rendimento no treinamento esportivo nos jogos esportivos coletivos, particularmente para os jogos de invasão. Essa proposta, discutida na literatura há mais de uma década (GRECO, 2006, 2007; GRECO *et al.*, 2015a), passou por transformações na sua matriz conceitual, com a incorporação de novos conceitos advindos das descobertas nas áreas das neurociências e da psicologia do esporte, bem como derivados de uma melhor aplicação prática desse os métodos de treinamento sugeridos. No tópico seguinte, serão discutidas as bases teóricas do modelo e sua aplicação no futebol.

4.2 MODELO PENDULAR DO TREINAMENTO TÁTICO APLICADO AO FUTEBOL

Em relação ao aprofundamento do processo de ensino-aprendizagem-treinamento da tática, propõe-se um modelo na visão de um pêndulo (GRECO *et al.*, 2015a). Nesse contexto a evolução, o desenvolvimento do nível de rendimento do jogador (atleta) se deve a um processo que decorre de forma integrada no sentido vertical e horizontal, a partir de um eixo central, ou seja, um elemento/processo que fixa o pêndulo. O elemento constitutivo dessa fixação decorre a partir do desenvolvimento do processo cognitivo de atenção, em interação com os processos de conhecimento e tomada de decisão. O pêndulo se desenvolve horizontalmente subsidiado pela realização de atividades que solicitam do atleta, na realização da sua ação, o desvio da sua atenção (no gráfico a – atividades tático-coordenativas e tático-técnicas) e, concomitantemente, tarefas de focalização da atenção; ou seja tarefas cuja ênfase se diferencia nos processos de melhoria do conhecimento tático declarativo, isto é, consequentemente do conhecimento de sinais relevantes necessários à tomada de decisão (GRECO *et al.*, 2015a). Essa proposta, discutida a seguir, recebe o nome de Modelo Pendular do Treinamento Tático.

Figura 47 - Modelo Pendular do Treinamento Tático-Técnico

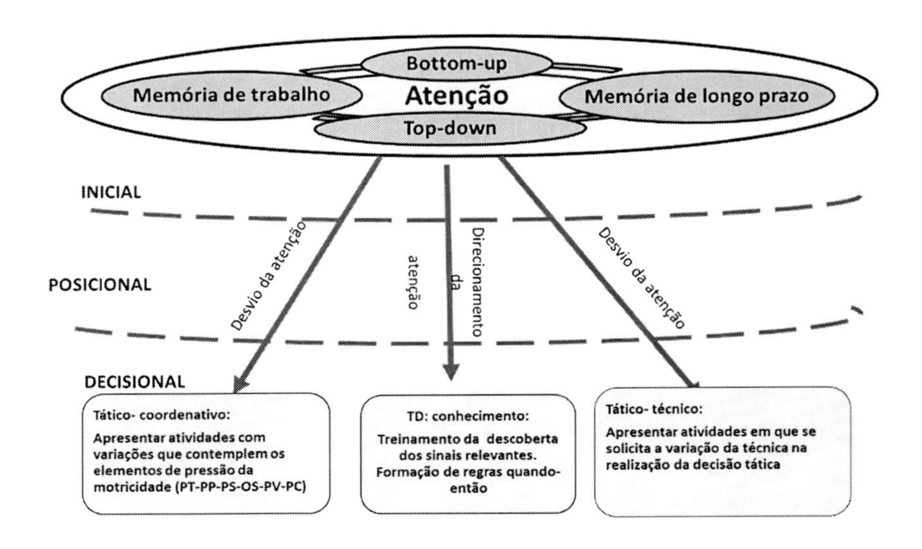

Fonte: os autores

Inicialmente propõe-se entender o caminho pedagógico sugerido pelo modelo. Ao longo de quase três décadas de investigação, diferentes modelos e métodos de ensino foram investigados, os quais são mais orientados ao ensino intencional-aprendizagem explícita (como no TGFU), ou mais orientados ao ensino incidental-aprendizagem implícita (como o IEU). Nesse ponto, a partir dos aportes de Reber (1989), a presente proposta metodológica situa-se no grupo dos modelos predominantemente incidentais-implícitos, na medida em que são privilegiadas situações de jogo que levem o atleta a vivenciar os sinais relevantes de maneira predominantemente não explícita (pelo menos no início da aquisição), permitindo a formação inconsciente de estruturas de conhecimento (REBER, 1992). Nesse âmbito, ressalta-se o importante papel do professor, a quem não cabe responder as tarefas pelos alunos, mas sim conduzi-los por um caminho de descoberta guiada (METZLER, 2011), no qual a tarefa proposta os levará à descoberta (ainda que tácita) da melhor solução. Destaca-se a importância da aprendizagem implícita, mas o professor deve ser muito "explícito" (no sentido de uma adequada sistematização das atividades) em relação à sequência de atividades que deseja propor para provocar a aprendizagem.

O caráter eminentemente incidental-implícito do modelo proposto não deve, contudo, ser entendido como uma regra para todo o processo. Sugere-se que o modelo contemple um caminho que parta de uma abordagem incidental-implícita e caminhe no sentido de uma prevalência intencional-explícita. Nesse caminho, a participação do treinador no refinamento técnico e no detalhamento das atividades direcionadas à descoberta e aprendizagem dos sinais relevantes aumenta com tempo, na medida em que as estruturas do conhecimento – eminentemente procedimental/processual – estejam desenvolvidas. Além disso, na medida em que a aprendizagem apresenta característica não linear, sugere-se que a ênfase incidental-implícito/intencional-explícito seja potencialmente modificável ao longo do processo, ajustando-a às necessidades do atleta em cada momento.

A parte superior da figura representa o marco teórico do modelo. Nele, chama a atenção inicialmente a busca por um caminho de integração entre teorias sobre a tomada de decisão outrora divergentes na literatura. Historicamente, desenvolveram-se pesquisas em dois campos no que tange ao processo de julgamento e à tomada de decisão em esportes. Por um lado, correntes cognitivistas defendem uma elevada participação – ainda que parcialmente inconsciente – de processos cognitivos e representações mentais da ação no processo de tomada de decisão, considerando a memória (e as estruturas do conhecimento declarativo e processual) como a estrutura nuclear nesse processo (GRECO *et al.*, 2015a). Tais abordagens apontam que a tomada de decisão se ampara em processos de *top-down*, ou seja, de cima pra baixo (dos processos cognitivos superiores para o ambiente). Por outro lado, correntes amparam-se em uma abordagem ecológica, baseada no conceito das possibilidades de ação (ou *affordances*) para defender que o sujeito é impelido pelo meio a tomar as decisões, o que caracteriza um processo *bottom-up*, isto é, de baixo (do ambiente) para cima (processos cognitivos).

Ao longo da segunda metade do século XX, as investigações sobre tomada de decisão passaram a ser guiadas pelo paradigma do processamento da informação, caracterizando a denominada "revolução cognitiva" na psicologia. O foco das pesquisas passou a ser descritivo, com ênfase na compreensão das características do comportamento humano e dos processos mentais subjacentes à tomada de decisão (JOHNSON, 2006). Essa fase foi caracterizada por uma prevalência de estudos acerca dos processos *top-down* para descrição da ação decisional no esporte. De maneira análoga, por meio dessa corrente, seria possível entender os caminhos até que um atleta decida, conforme a situação apresentada no capítulo 1, entre conduzir a bola e passar para um colega (ainda que em impedimento) em termos de fases sequenciais: inicialmente ele capta a informação do meio. Essa informação é, então, analisada com recurso à memória. Essa análise gera a resposta (decisão).

Por outro lado, com o amparo da Teoria Geral dos Sistemas (BERTALANFFY, 2008), das abordagens conhecidas como ecológicas ou da percepção direta (GIBSON, 1976) e dos Sistemas Dinâmicos (ARAÚJO; DAVIDS; HRISTOVSKI, 2006), autores sugerem que dinâmicas ecológicas determinam sobremaneira o processo de tomada de decisão nos esportes. Nesse contexto, a decisão segue um processo *bottom-up* (do meio externo para o topo, ou seja, a cognição), isto é, do ambiente emergem as possibilidades de ação (*affordances*) que orientam as tomadas de decisão (DAVIDS *et al.*, 2013). No esporte, estudos nessa área buscam explicar como a informação presente no meio guia o processo decisional dos atletas. Segundo os autores dessa corrente, ainda no exemplo apresentado no capítulo 1 deste livro, o atleta é impelido a conduzir a bola face à força da pista visual que ele recebe, sequer considerando as demais alternativas decisionais, com reduzida participação de estruturas cognitivas relacionadas ao conhecimento específico da modalidade armazenadas na memória.

Por meio da teoria da percepção direta, a qual se origina das abordagens ecológicas clássicas, postula-se que objetos, características e eventos podem ser percebidos sem interpretação cognitiva (GIBSON, 1976). Nesse contexto, a informação perceptual pode guiar as ações enquanto, simultaneamente, a ação cria novas informações, as quais são novamente percebidas, originando um processo dinâmico (RAAB; OLIVEIRA; HEINEN, 2009). Nessa abordagem, reduz-se o papel dos processos cognitivos na elaboração da tomada de decisão, consequentemente a explicação de como se procede a aprender, a explicar os processos de aprendizagem, processo que se apoia na formação de estruturas de conhecimento, sejam novas ou não em sua reorganização. Sem dúvidas, aprendizagem é um processo integrado com os momentos de ensino e de treinamento, por exemplo, de uma modalidade esportiva. Entretanto, se tentarmos aplicar a abordagem à ação decisional no futebol, podemos imaginar um atleta, na frente de um gol sem goleiro, após receber um passe (sem estar em impedimento). O sinal presente no meio é tão claro que a decisão emerge a partir do ambiente, sem a necessidade de um elevado processamento cognitivo. Nessas circunstâncias, atletas de alto nível ou adultos sem experiência alguma com a modalidade apresentariam decisões semelhantes (chutar para o gol), embora a qualidade da execução (influenciada por fatores técnicos) fosse certamente diferente.

Nas últimas décadas, todavia, autores buscaram a integração dos modelos teóricos por meio da sugestão de que processos *top-down* e *bottom-up* ocorrem em paralelo e complementam-se no processo de julgamento e tomada de decisão no esporte (RAAB, 2015). Nesse contexto, são propostas abordagens considerando links bidirecionais entre atenção, percepção e tomada de decisão, sugerindo-se que, de maneira geral, para perceber e gerar opções, indivíduos dependem tanto das informações acerca deles próprios (por exemplo, experiências vividas, conhecimento tático etc.), quanto da informação presente no meio (OLIVEIRA *et al.*, 2009). Assim, quando a informação necessária está disponível no ambiente, ela pode ser usada para guiar diretamente as ações (percepção direta); contudo, quando a informação é escassa ou pouco específica – situação mais próxima do contexto esportivo –, as pessoas tendem a utilizar a informação disponível para gerar e escolher as opções (OLIVEIRA *et al.*, 2009). Essa última abordagem é conhecida na literatura como "racionalidade limitada" (SELTEN, 2001; SIMON, 1955). Consoante essa corrente, no esporte, manifestações do processamento cognitivo e da ação motora são uma via de mão dupla, retroalimentando-se permanentemente (HOSSNER, 2009) e evidenciando o *coupling* "cognição e ação" (BEILOCK, 2009) de forma que a cognição não pode ser dissociada da ação. Nesse contexto, o processo de percepção das possibilidades de ação – e a consequente tomada de decisão – é melhor explicado pela abordagem da racionalidade limitada (OLIVEIRA *et al.*, 2009). Nessa abordagem, as informações que guiam o processo decisional, as chamadas "pistas", estão (em processo de interação) tanto no ambiente quanto na memória (OLIVEIRA *et al.*, 2009), o que auxilia a explicar a formação de novas estruturas do conhecimento e a modificação, resultante de adaptações, da capacidade de tomada de decisão em atletas de diferentes esportes (BAR-ELI; PLESSNER; RAAB, 2011).

Conforme as exposições realizadas no texto, o Modelo Pendular de Treinamento Tático-Técnico propõe uma visão integradora entre vários processos intervenientes na de tomada de decisão nos esportes, incluindo o futebol. Na prática, significa que treinar a capacidade tática é treinar o atleta para ler (ou seja, descobrir) sinais do ambiente (processo *bottom-up*) a partir do fortalecimento de estruturas do conhecimento (processo *top-down*) que ele detém. Trata-se, assim, de elaborar processos de ensino-aprendizado-treinamento em que se fortaleça o modelo de "deixar jogar" direcionado para as tarefas táticas que são objetivadas em cada sessão de treino.

Embora existam diferenças entre esportes, devido à natureza específica do jogo, considera-se que o conhecimento está relacionado à capacidade de análise de informações relevantes e, por isso, jogadores mais experientes são capazes de antecipar mais adequadamente ações durante o jogo (FARROW; ABERNETHY, 2015). No modelo que se descreve a seguir, formula-se uma interação entre a atenção e a memória de longo prazo, na geração de opções que se procede via memória de trabalho. Ou seja, sugere-se que, nos esportes rápidos com bola, exige-se do atleta uma grande variedade de processos relacionados à atenção. Essa interação solicita a consideração das informações do ambiente, comparadas com experiências existentes na memória. Na prática, significa que "prestar atenção" requer experiência. Logo, não basta treinar a tática em contextos repetitivos e fechados; é preciso experimentação e vivências variadas, em contextos eminentemente abertos, para uma efetiva transferência para o jogo. Nesse ponto emerge o papel da memória, que significa a aquisição, formação, conservação e evocação de informações acerca daquilo que foi aprendido (IZQUIERDO, 2011). Assim, para garantir um eficiente processo *top-down/bottom-up* em paralelo, a vivência de variadas situações de treino – que irão gerar aprendizagem tática – apresenta-se fundamental.

Na parte inferior da figura, são apresentados os caminhos pelos quais o modelo pendular propõe o treinamento tático. Os três caminhos formam, propositalmente, a ideia de um pêndulo. Seu eixo está dado nos processos de direcionamento – ou não - da atenção; o pêndulo se estende tanto horizontal, quanto verticalmente. Sugere-se que o pêndulo permita a visão de que não há linearidade durante o treinamento, sendo as tarefas ajustadas aos objetivos (de curto, médio e longo prazo) dos treinadores e as necessidades dos atletas. Assim, é possível avançar de tarefas tático-coordenativas para tarefas tático-técnicas, retornando a tarefas com definição de sinais relevantes e encerrando o treino com tarefas tático-coordenativas. O processo é, necessariamente, dependente do contexto.

A proposição de tarefas táticas, no modelo, ampara-se em teorias que discutem a atenção como processo cognitivo, a exemplo da Teoria do Controle Atencional (EYSENCK; KEANE, 1994; EYSENCK *et al.*, 2007). Nessa, evidenciam-se focos de atenção externos, relacionados aos efeitos do movimento no ambiente (momentos nos quais o praticante aloca a maior parte dos recursos atencionais a pistas do ambiente, posicionamento dos colegas ou adversários, por exemplo) ou internos, relacionados à condução do movimento (direcionamento do foco atencional para a posição do pé de apoio durante um chute, por exemplo) (LOHSE, 2015). Outra dimensão do controle atencional relaciona-se ao foco de atenção associativo, o qual se ampara na alocação de recursos a estímulos diretamente relacionados à tarefa (um adversário, a bola, o gol, por exemplo), e dissociativo, no qual se alocam recursos a estímulos não diretamente relacionados à tarefa (que podem ser a torcida, o treinador, por exemplo, ou tarefas secundárias durante o processo de treinamento, como quicar uma bola ou realizar operações matemáticas enquanto se resolve um problema tático) (LOHSE, 2015). A caracterização das operações de desvio e focalização da atenção, presentes na base da figura do modelo pendular, ampara-se diretamente nessas classificações.

O modelo propõe atividades baseadas na alternância entre desvio da atenção e na focalização da atenção em sinais relevantes. A vivência sistematizada de tarefas com esse tipo de desvio da atenção, por sua vez, permitirá que o atleta melhore seu desempenho no jogo em tarefas nas quais ele precisa alternar o foco de atenção. O desvio da atenção caracteriza-se, no momento, diante da necessidade de propor tarefas extras durante realização de uma tarefa tática de forma a exigir processos de atenção dissociativos dos atletas. De modo a tornar mais clara a situação, imagine um atacante em condição de realizar uma ação de mobilidade (ruptura) da última linha defensiva. O meio-campista está 30 metros atrás do atacante, com a posse de bola e enxerga uma linha de passe que levará o atacante a um confronto direto com o goleiro. Nesse momento, o atleta é demandado a decidir o momento exato para realizar a ação de mobilidade, sendo esse definido pela posição dos defensores (foco proximal) e pelo momento do passe (foco distal). Para o sucesso nessa ação, ele deve ser capaz de alternar eficientemente seu foco de atenção durante o jogo. As situações de desvio da atenção, propostas no modelo, aplicam-se exatamente a estes contextos (veja a figura a seguir).

Figura 48 - Focos de atenção

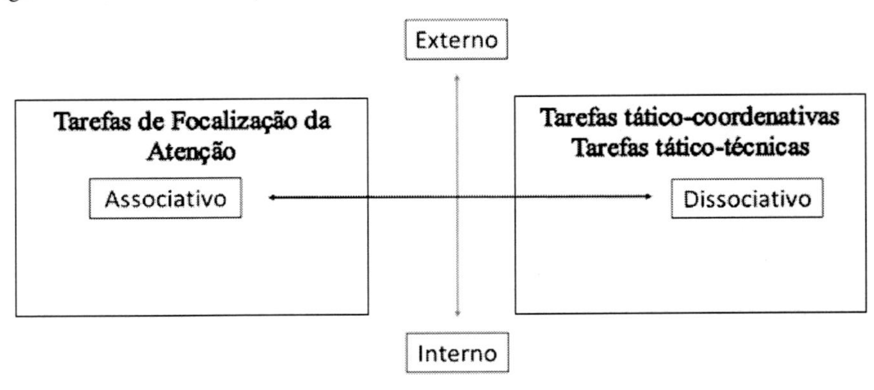

Fonte: adaptado de Lohse (2015)

As tarefas tático-coordenativas caracterizam-se pela apresentação de problemas táticos com a inclusão de condicionantes de pressão coordenativa durante sua execução. Nesse momento, os atletas devem tomar decisões adequadas constrangidos pela presença de um condicionante de pressão, o que demandará significativa capacidade de desvio da atenção. No exemplo anterior, uma possibilidade de construção de tarefa seria um jogo 2x1 no qual o atleta sem bola no ataque, em condição de receber o passe para fazer o gol, deve posicionar-se fora do impedimento e esperar pelo passe enquanto realiza "embaixadinhas". Ele será demandado a alternar sua atenção entre o foco proximal (bola) e o foco distal (colega de equipe) enquanto experimenta uma tarefa tática (jogo 2x1). Os condicionantes de pressão, conforme Kroger e Roth (2002), são definidos da forma expressa a seguir.

Quadro 1 - Elementos de pressão

Parâmetros de pressão	Tarefas coordenativas nas quais é necessário:
Tempo	Minimizar o tempo ou maximizar a velocidade de execução.
Precisão	A maior exatidão possível.
Sequência / Complexidade	Resolver sequências de exigências sucessivas, uma depois de outra.
Organização	Superar exigências simultâneas, ao mesmo tempo.
Variabilidade	Superar exigências ambientais variáveis e situações diferentes.
Carga	Superar exigências de tipo físico-condicionais ou psíquicas.

Fonte: adaptado de Kröger e Roth (2002)

Dentre os condicionantes de pressão, ressaltam-se os elementos de pressão de organização e de complexidade. Por meio deles (não exclusivamente), propõe-se a inclusão de tarefas que permitam o desvio da atenção durante a solução de problemas táticos. Por exemplo, um jogo 3v3 no qual tanto as equipes em ataque quanto em defesa devem procurar manter a posse de bola (com os pés) enquanto mantém uma bola na mão, sendo que o jogador que está com a bola nas mãos não pode participar do jogo (ficando parado). Nesse contexto, os atletas deverão alternar a atenção entre sinais altamente relacionados à ação do jogador no futebol (linhas de passe e posição dos defensores, por exemplo), enquanto estabelecem um foco de atenção dissociativo (na medida em que a gestão da bola nas mãos não é diretamente relacionada à ação no futebol). No capítulo final deste livro, serão apresentadas diferentes tarefas táticas nas quais processos atencionais dissociativos são demandados dos atletas.

Já as tarefas tático-técnicas permitem o desvio da atenção por meio da solicitação de variação das técnicas escolhidas para resolver a situação-problema que emerge no jogo. Durante o processo de treinamento, atletas tornam-se proficientes na execução de determinadas técnicas na medida em que automatizam sua execução, o que reduz a demanda de atenção para a tarefa e permite que mais recursos sejam alocados à busca por sinais relevantes no meio. Nesse contexto, ao solicitar novas formas de execução do movimento, solicita-se que o atleta, novamente, alterne o foco de atenção entre um objeto proximal (seu corpo, por exemplo – foco interno) e um objeto distal (colegas de equipe ou adversários, por exemplo – foco externo). Uma forma de aplicar essa proposta é solicitar que os atletas resolvam problemas táticos (por exemplo, o mesmo 3v3 apresentado anteriormente), com utilização predominante do membro não dominante para execução do passe. Nessa situação, é comum observar os atletas com a "cabeça baixa", alocando quase a totalidade dos recursos atencionais ao objetivo proximal. A partir da exposição sistematizada a esse tipo de tarefa, espera-se que os atletas sejam capazes a ajustar a técnica, durante o jogo, sem necessariamente abrir mão de buscar informações via atenção distal, ou seja, que eles automatizem a variação da técnica.

A última tarefa (apenas didaticamente colocada no final) proposta no modelo centra-se na focalização da atenção. Nesse processo, apresenta-se a importância de que atletas sejam capazes de ler sinais relevantes (por exemplo, aqueles apresentados no capítulo 2 para cada princípio tático) e identificar os melhores padrões de resposta para cada sinal relevante. Esse momento no treinamento se caracteriza pela focalização da atenção para o aprendizado da tomada de decisão a partir do estímulo para se concretizar o pensamento convergente. Assim, conforme classificação apresentada anteriormente neste capítulo, apresenta-se importante que os atletas desenvolvam tarefas táticas com exigência por elevado direcionamento atencional associativo, i.e., em estímulos altamente relacionados à exigência da tarefa. Nessa fase, cabe aos treinadores elaborar atividades que permitam ao jogador descobrir as regras para a ação tática dos alunos do tipo "se-então". Como exemplo, no jogo de futebol, em uma situação de contra-ataque, "se" a defesa se encontrar em igualdade/inferioridade numérica, então o comportamento adequado é retardar a tentativa de roubada da bola e esperar o retorno defensivo dos demais companheiros. Por outro lado, "se" a defesa se encontra em superioridade numérica, "então" os defensores têm a possibilidade de sair para marcar diretamente ao portador da bola. Nesse contexto cabe ao treinador manipular a equidade numérica das equipes (por exemplo, jogos 3x3, 4x3, 4x4) de forma a auxiliar os atletas no estabelecimento dessas regras de ação tática.

4.3 APLICAÇÃO PRÁTICA DO MODELO PENDULAR DO TREINAMENTO TÁTICO-TÉCNICO

O Modelo Pendular do Treinamento Tático-Técnico apresenta-se sob um marco poli teórico, na medida em que se ampara em conceitos provenientes da psicologia cognitiva, da psicologia da aprendizagem, do treinamento esportivo, dentre outros. Nesse contexto, ainda que vários conceitos aqui apresentados tenham sido observados por treinadores e profissionais do futebol em diversos momentos, consideramos que sua integração em torno de uma única proposta metodológica pode suscitar dúvidas, principalmente em relação à característica heterodoxa da condução do processo de ensino-aprendizagem-treinamento por meio de tarefas de desvio da atenção. Nesse sentido, optamos por encerrar este capítulo como um exemplo de aplicação do Modelo Pendular em uma sessão de treinamento no futebol. Ressaltamos, porém, que se trata de um exemplo hipotético, motivo pelo qual recomendamos que as tarefas/atividades aqui propostas sejam necessariamente adaptadas para a realidade de cada clube e grupo de atletas.

Imagine que, durante a implementação do modelo de jogo da equipe, o treinador e os demais membros da comissão técnica observaram dificuldades nos atletas para a correta aplicação do conceito de bola coberta x descoberta. Na prática, há baixa sincronização entre os jogadores nos momentos de avanço e recuo das linhas de defesa, causada por uma dificuldade no entendimento do sinal relevante relacionado à movimentação de avanço/retorno das linhas (exatamente o sinal relevante característico deste princípio tático específico). Como resultado, observam-se "buracos" no corredor central, os quais dificultam a recuperação da posse de bola e aumentam os riscos para a defesa. Para permitir a vivência desses conceitos, a sessão de treinamento hipotética aqui proposta será organizada em três momentos distintos, apresentados a seguir.

Momento 1: vivência incidental do princípio tático específico – Jogo de Inteligência e Criatividade Tática

Descrição: os atletas serão divididos em grupos de dois times de cinco atletas cada em ¼ de campo (utilizando-se meio campo para 24 atletas, por exemplo). A estrutura de realização do jogo é o 4vs4, sendo que os dois atletas fora do jogo ficam no fundo do campo, ao lado do jogo da velha. Durante o jogo, a equipe em posse de bola deve progredir no campo de jogo e tentar marcar o gol do lado contrário, enquanto a defesa deve evitar a progressão. Sempre que o ataque realizar dois passes consecutivos para a frente, ou arrematar a baliza, o jogador do ataque que estava fora do campo ganha o direito de colocar uma peça no jogo da velha e troca de posição com um dos jogadores que estava dentro do campo. Por outro lado, sempre que a equipe em ataque realizar um passe ou condução para trás, o jogador da defesa que estava fora ganha o direito de colocar uma peça no jogo da velha. Ganha o jogo quem completar primeiro o jogo da velha.

Figura 49 - Jogo 4v4 com sinal relevante para bola coberta x descoberta

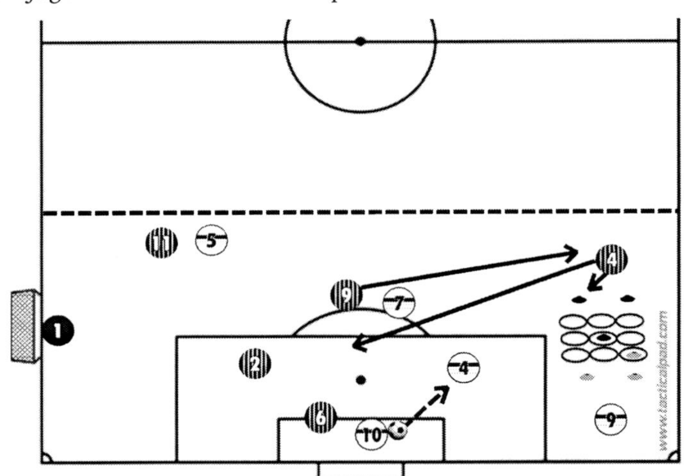

Fonte: os autores

Explicação: nesse primeiro momento da sessão de treinamento, a intenção do treinador assenta-se na demonstração de que há a necessidade de que os atletas em organização defensiva ajustem o comportamento a partir de um claro sinal relevante da equipe em ataque: a direção da bola. Assim, sua atenção será focalizada nesse sinal, indicando a etapa de focalização da atenção durante o modelo pendular.

Momento 2: microestrutura relacionada à bola coberta x descoberta

Descrição: serão feitos múltiplos campos 1x1+2 no campo de jogo. O jogador com a bola deve marcar o gol, sendo que se o gol for marcado no corredor central valerá 5x a pontuação estabelecida para o gol marcado a partir do corredor lateral. O atacante pode escolher qualquer um dos dois lados para marcar o gol. O atacante ainda tem dois curingas, posicionados nas laterais do campo de jogo (com movimentação livre nas laterais) que podem ser utilizados em situações de pressão. O defensor terá sua atenção desviada em função do estabelecimento da regra da perna de abordagem. Como regra, em cada posse de bola, o defensor só pode abordar o atacante com a perna contrária daquela utilizada pelo atacante (por exemplo, se o atacante está com a bola na perna direita, a abordagem terá que ser feita com a perna esquerda). Após um período, trocam-se os curingas e os jogadores de linha.

Figura 50 - Jogo 1vs1+2 para estabilização da necessidade de cobertura da bola durante a organização defensiva

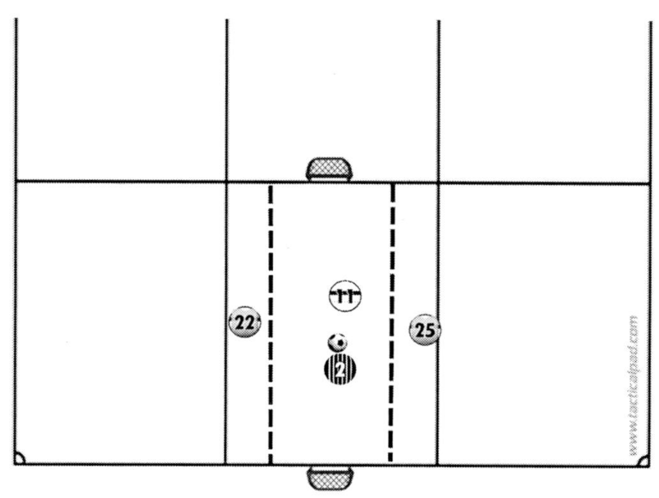

Fonte: os autores

Explicação: essa tarefa possui duas características principais. A primeira, tem a ver com o treinamento de uma microestrutura relacionada ao princípio de bola coberta x descoberta. Em vários momentos no jogo, o cumprimento coletivo do princípio é afetado pela incapacidade dos atletas que marcam o portador da bola realizarem uma abordagem correta. Uma correta ação de abordagem ao portador da bola demandará o direcionamento da bola para trás (bola negativa) e, consequentemente, dará a chance à defesa para progredir no campo de jogo (bola coberta). Assim, a preocupação com a microestrutura 1vs1 faz-se necessária para uma correta aplicação coletiva do princípio. Ademais, observa-se o desvio da atenção tático-técnico, na medida em que se solicita ao jogador na defesa a variação no gesto técnico (abordagem) para resolver o problema tático. Dessa forma, ele não apenas direcionará sua atenção aos sinais relevantes inerentes ao 1vs1, mas manterá recursos atencionais ao cumprimento da regra do jogo (perna correta da abordagem), o que permitirá melhoria da ação tática em contextos de elevada imprevisibilidade, característicos do jogo formal.

Momento 3: desvio da atenção tático coordenativo durante a aplicação do princípio

Descrição: Em um jogo 7vs6, os jogadores no ataque têm o objetivo de tentar marcar o gol. Enquanto isso, os defensores têm dois objetivos: o primeiro, permanecer sempre em apenas dois setores, e o segundo, impedir a marcação de gols. Contudo a equipe de defesa terá uma bola nas mãos de um dos jogadores, o qual está proibido de se movimentar. Para ganhar o direito de se movimentar, o jogador na defesa deve passar a bola para um colega de equipe (o qual, por sua vez, estará a partir de então proibido de se movimentar). Como regras, a defesa só pode avançar de setor quando o ataque conduzir ou passar a bola para o setor imediatamente atrás, enquanto deve retroceder um setor sempre que o ataque avançar para o setor subsequente (passe ou condução).

Figura 51a e b - Jogo 7vs6 com bola na mão da defesa. No topo, a situação inicial, na qual a bola está nas mãos do defensor 4. Na figura 51b, a bola já foi passada para o defensor 11, que permanece parado, permitindo a progressão dos colegas de equipe após um passe negativo

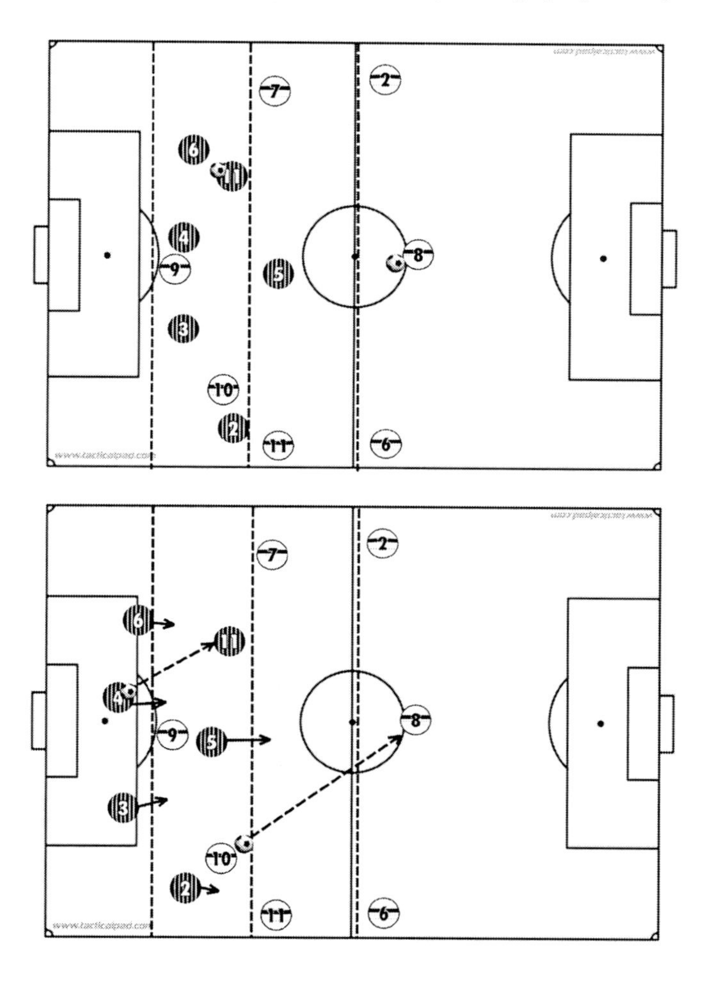

Fonte: os autores

Explicação: essa atividade permite a vivência do princípio tático específico relacionado à bola coberta x descoberta porque levará os atletas a estabelecerem um posicionamento coletivo intersetorial em função da direção da bola passada/conduzida. Além disso, a bola na defesa permite o desvio da atenção por meio da realização de tarefas consecutivas (o atleta precisa passar uma bola, e, na sequência, deslocar-se para sua posição, e, na sequência, pode receber novamente a bola). Ressalta-se que o desvio da atenção, conforme preconizado no modelo, permitirá vivência do princípio com estímulo à memória de trabalho, o que levará os atletas à melhoria da capacidade atencional no contexto complexo que emerge durante o jogo.

Conforme previamente apontado, trata-se apenas de um exemplo, hipotético; portanto, para melhor compreensão do modelo, recomendamos o adequado ajuste dos conteúdos à realidade do clube/grupo de atletas nos quais esse princípio for trabalhado por meio do Modelo Pendular.

CAPÍTULO 5

PLANEJAMENTO LONGITUDINAL DO TREINAMENTO DA CAPACIDADE TÁTICA E O PAPEL DO PRINCÍPIO DA COMPLEXIDADE

5.1 POR QUE É NECESSÁRIO PLANEJAR O PROCESSO DE TREINAMENTO TÁTICO NO FUTEBOL?

O processo de treinamento da capacidade tática no futebol deve permitir estímulos adequados ao nível atual do praticante, suficientes para gerar adaptações em estruturas relacionadas à tomada de decisão no jogo. Contudo, se por um lado diversos modelos e propostas se apresentam disponíveis na literatura para o adequado planejamento do treinamento de capacidades físicas (por exemplo, força e resistência aeróbia); por outro lado, observa-se baixo amparo ao planejamento do treinamento tático no futebol. Basicamente, o processo de treinamento tático é conduzido de maneira assistemática quando não há o estabelecimento prévio de "percursos formativos" para os atletas (currículo de formação – ver tópico seguinte), e quando não há preocupação em ajustar o processo a partir da observação sistemática da resposta dos atletas (avaliação do desempenho em jogos e testes específicos – ver capítulo 6).

Planejar longitudinalmente o processo de treinamento tático implica, em cada clube, traçar o percurso formativo ao qual cada atleta será submetido. Esse percurso deve contemplar o "o quê" (conteúdos do processo de formação tática), o "como" (estratégicas metodológicas adotadas para maximizar o ambiente de aprendizagem) e o "quando" (organização dos conteúdos e estratégias metodológicas ao longo dos diferentes escalões de formação). Todavia o estabelecimento desses conteúdos não deve se dar de maneira genérica, inespecífica. Deve considerar a história do clube e, principalmente, responder às seguintes perguntas: a) Qual o perfil de atleta que o clube deseja formar? b) Quais são as características que pretendemos desenvolver nos nossos atletas? c) Como nosso clube quer ser visto em relação à formação de atletas?

5.2 A NECESSIDADE DO ESTABELECIMENTO DE CURRÍCULOS DE FORMAÇÃO NOS CLUBES DE BASE NO BRASIL

O estabelecimento de currículos de formação em clubes profissionais ao redor do mundo não é novidade no campo do futebol. Entretanto, no Brasil, esse tema apenas suscitou debates recentemente, de forma que seu conteúdo ainda não se apresenta amplamente conhecido por todos atores do processo. Nesse sentido, diversos profissionais têm sugerido que o estabelecimento de um currículo de formação "engessaria" o jogador, o qual seria formado exclusivamente para o clube, sendo, portanto, inapto a atuar em alto nível em escolas com características/princípios norteadores distintos. Nesse ponto, cabe-nos ressaltar que um currículo de formação, no contexto aqui discutido, não visa à criação de um "molde" para a formação dos jogadores, o que conduziria ao supracitado "engessamento" do jogo. Ao contrário, o currículo de formação visa a sistematizar, organizar os conteúdos, as fases e os processos inerentes à formação, para que o atleta possa ter acesso a um VASTO REPERTÓRIO motor e cognitivo, o qual dificilmente seria alcançado sem um documento norteador. Assim, é papel do currículo garantir formação ampliada, não restrita.

Como exemplo, imagine-se como um treinador de futebol nas categorias de base. Você acaba de ser contratado para treinar a categoria sub-15 desse clube, após anos trabalhando (em outras equipes), como treinador do sub-20. Como serão definidos os conteúdos, as fases e os processos inerentes ao treinamento tático nesse novo emprego? Como será sua primeira sessão de treinamento com os atletas? Como será elaborado o plano de treino da primeira semana? Via de regra, é a experiência do treinador, aliada a breves contatos com a comissão técnica (caso essa tenha se mantido), que definirá os norteadores para o treinamento tático em um contexto de início de trabalho. Nesse cenário, o processo de treinamento tático responderá à expectativa do treinador, e não necessariamente ao projeto do clube para a formação dos atletas. Como resultado, certamente haverá sobreposição de conteúdos, dificuldade na adaptação da linguagem do jogo e, consequentemente, perda na profundidade da vivência dos conteúdos táticos pelos atletas. Se, ao contrário, após ser contratado, houvesse um documento norteador para suas ações, as escolhas passariam a responder a um processo que envolve: a) Quais competências devem ser especificamente desenvolvidas nos atletas sub-15 nesse clube? b) Quais competências os atletas devem possuir para aceder ao sub-17 do mesmo clube? De posse dessas (e de outras) informações, a transição entre os trabalhos torna-se mais fluida, com reduzidas perdas na dinâmica interna do clube e, consequentemente, um melhor ambiente de aprendizagem para os atletas.

A construção de um currículo de formação, conforme já estabelecido, apresenta-se como papel do clube. Nesse contexto, sugere-se um profundo estudo interno, histórico, para levantamento de informações que sustentem o documento norteador da formação de atletas. Esse documento, embora tenha natureza aberta (isto é, está aberto a ajustes em razão daquilo que se observa como resposta durante o processo), orientará as ações de todo o departamento de futebol de base (e sua integração com o departamento de futebol profissional), de forma que sua construção não se pode dar de maneira aligeirada e negligenciando importantes atores. De maneira geral, sugere-se um processo de seis etapas para a construção de um currículo de formação:

Figura 52 - Etapas para construção do currículo de formação do clube

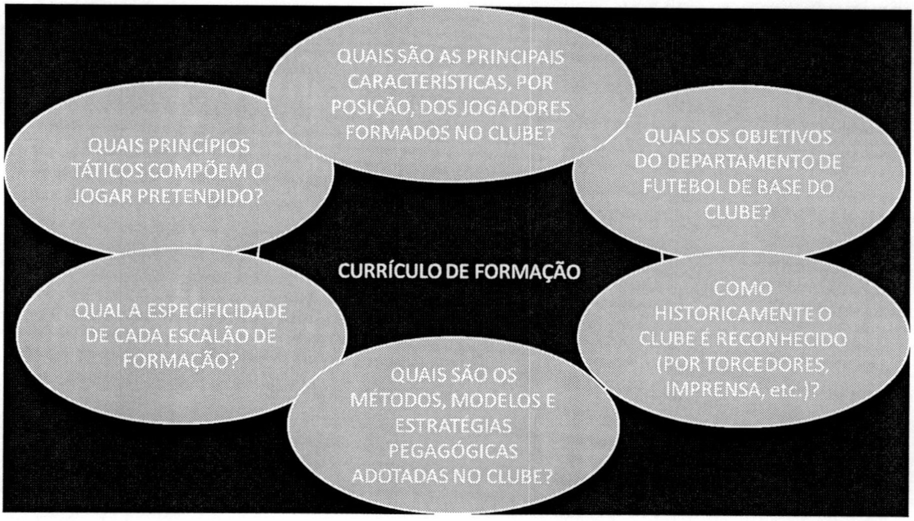

CURRÍCULO DE FORMAÇÃO
QUAIS SÃO AS PRINCIPAIS CARACTERÍSTICAS, POR POSIÇÃO, DOS JOGADORES FORMADOS NO CLUBE?
QUAIS OS OBJETIVOS DO DEPARTAMENTO DE FUTEBOL DE BASE DO CLUBE?
COMO HISTORICAMENTE O CLUBE É RECONHECIDO (POR TORCEDORES, IMPRENSA, etc.)?
QUAIS SÃO OS MÉTODOS, MODELOS E ESTRATEGIAS PEGAGÓGICAS ADOTADAS NO CLUBE?
QUAL A ESPECIFICIDADE DE CADA ESCALÃO DE FORMAÇÃO?
QUAIS PRINCÍPIOS TÁTICOS COMPÕEM O JOGAR PRETENDIDO?

Fonte: os autores

Antes de nos aprofundarmos nas etapas anteriormente sugeridas, ressaltamos que um currículo de formação não se caracteriza exclusivamente pela dimensão tática. A ele compete o estabelecimento de todas as referências para a formação dos atletas (táticas, mas também físicas, técnicas, psicológicas, fisiológicas, antropométricas etc.). Contudo, face à centralidade dos conteúdos táticos no presente livro, a apresentação das etapas anteriormente listadas será norteada pelos conteúdos capazes de conduzir o treinamento tático nas equipes. Assim, nos aprofundaremos a seguir nos três conteúdos que consideramos possuírem relação mais direta com o treinamento tático.

5.2.1 Quais são as principais características, por posição, dos jogadores formados no clube?

É de amplo conhecimento, na literatura científica e no meio prático o fato, que jogadores de posições diferentes possuem características diferentes, tanto do ponto de vista físico, quanto na perspectiva da capacidade tática (MALLO *et al.*, 2015; PRAÇA *et al.*, 2017a; PRAÇA; PÉREZ-MORALES; GRECO, 2016). Assim, historicamente já se desenvolveram estratégias pedagógicas no treinamento para permitir especificidade posicional na apresentação dos conteúdos (nomeadamente nos anos de especialização e alto nível de rendimento). Tal processo precisa fazer parte da concepção de um currículo de formação de um clube de futebol.

Contudo, para além de compreender as especificidades posicionais face à lógica do jogo de futebol, sugere-se que o currículo de formação conceba as características posicionais inerentes ao perfil de atleta a ser formado no clube. Assim, não se trata simplesmente de diferenciar zagueiros de laterais, ou meias de atacantes, mas sim de compreender quais são os requisitos de um meio-campista no contexto de um dado clube. Dessa forma, não se sugere uma especialização do treinamento baseada na generalização da expectativa de exigência do jogo por posição (o que nos parece paradoxal), mas sim de buscar-se a especificidade para a realidade local do clube.

Um importante passo na caracterização do jogar específico do clube está no estabelecimento sistêmico de processos de avaliação do desempenho e do comportamento tático dos atletas ao longo dos anos de formação (o que será mais bem detalhado no capítulo 6). Nesse cenário, um banco de dados do clube, coletado ao longo de alguns anos, poderia subsidiar o ajustamento do currículo de formação no que tange às especificidades reportadas por estatuto posicional. No capítulo 6, apresentamos alguns instrumentos que permitiram realizar esse monitoramento a longo prazo.

5.2.2 Qual a especificidade de cada escalão de formação?

Para além de conhecer as exigências que o modelo de jogo traz para cada jogador, é necessário compreender, no clube, as características do processo de transição entre as categorias. Nesse ponto, ressaltam-se duas questões que impactam sensivelmente na qualidade do treinamento tático no futebol: características específicas dos treinadores e sistematização do processo de progressão dos atletas entre as categorias.

Em relação às características dos treinadores, é necessário compreender as lógicas que permeiam as decisões táticas e estratégias dos treinadores. Ressalta-se, porém, a limitação de pensar-se de maneira cartesiana, quebrada em partes, da transição entre as categorias e sua relação com o clube. O processo de formação de atletas do clube deve nortear o trabalho do treinador, não o oposto! No entanto, na prática, ainda que devidamente alicerçados no projeto de formação de atletas do clube, treinadores possuem experiências diferentes e, em questões específicas, vão enxergar o jogo de maneiras distintas. Assim, é necessário adequar as características individuais dos treinadores às especificidades de cada escalão de formação, sob o risco de alocar-se importantes recursos humanos em locais não totalmente adequados para potencializar suas características positivas. Nesse ponto, faz-se necessário conhecer as exigências do jogo de cada categoria, alinhada às características maturacionais e sociais dos atletas, para delinear o processo de treinamento tático para cada escalão de formação do clube.

Além disso, o processo de transição dos atletas entre as categorias é, usualmente, feito de maneira linear e cartesiana. Isso significa, na prática, que um atleta sub-15, ao final do ano, acederá à categoria sub-17 caso se mantenha no clube, sendo esse o único caminho possível. Ao ser "promovido", será submetido a uma nova lógica na gestão do grupo e, principalmente, a colegas com um ano de experiência (no caso do sub-17, ou até dois anos, no caso do sub-20). Portanto, o desafio de manutenção nos escalões superiores faz-se, por diversas vezes, intransponível. Diante disso, na perspectiva do treinamento tático, sugere-se pensar a progressão longitudinal não apenas entre os escalões, mas intraescalão, de forma a criar-se o melhor ambiente de aprendizagem possível. Na prática, significa pensar conteúdos e estratégias pedagógicas adequadas à característica dos atletas, sem submetê-lo de imediato a um jogar mais complexo para o qual ele não está preparado. Assim, em resumo, cabe ao clube conhecer as características do jogar pretendido em cada escalão, bem como alicerçar num adequado ambiente de aprendizagem as transições entre escalões.

5.2.3 Quais princípios táticos compõem o jogar pretendido?

Tradicionalmente, esse é o ponto mais discutido quando se trata de currículos de formação (ao ponto de, inclusive, confundir-se currículo de formação com modelo de jogo). Naturalmente, conhecer os princípios de jogo inerentes ao jogar pretendido configura-se como fundamental para que qualquer clube tenha norteadores para o treinamento tático dos seus jogadores, tanto nas categorias de base quanto na equipe profissional. Nesse sentido, ressaltam-se dois pressupostos fundamentais na elaboração deste documento no que tange aos princípios táticos: a necessidade de estabelecimento "de dentro para fora" e o alinhamento com os instrumentos de avaliação presentes no clube.

Inicialmente, estabelecer princípios que nortearão o jogo de todas categorias de formação do clube pode parecer uma tarefa utópica, face à comum instabilidade profissional no meio do futebol. Nesse contexto, mudanças políticas e gerenciais no clube trazem diversos impactos que limitam a aplicação a longo prazo (a única que faz sentido nesse contexto) de um currículo de formação único. Entretanto parece-nos que o principal erro na construção dos documentos sujeitos a essa instabilidade está na tentativa de imposição, de fora para dentro, de princípios de jogo. Tal imposição implica um desarranjo conceitual entre aquilo que historicamente foi construído pelo clube (o que impacta na forma como os torcedores, dirigentes, imprensa e jogadores veem o clube) e aquilo que é aplicado no momento presente. Assim, o processo de implementação de um currículo de formação passa a ser dependente de pessoas (as mesmas responsáveis por sua criação) as quais podem não permanecer no clube por um período suficiente de tempo para colherem-se resultados positivos. Diante disso, novas pessoas assumem o projeto e, não convencidas da proposta anterior, veem-se obrigadas a realizar novos ajustes, o que se reflete em um contexto de permanente (e não planejada) mudança que reduz significativamente a profundidade na formação tática dos atletas. A solução passa por implementar currículos de formação de dentro pra fora, isto é, alinhados com a política, a gestão e a história do clube, com princípios que já caracterizam o jogar e não representarão rupturas à lógica tradicional de trabalho dos diferentes profissionais (apenas a sistematizará).

O segundo passo tem a ver com o alinhamento entre aquilo que será treinado e aquilo que será observado pelos departamentos de análise de desempenho nos clubes. Conforme previamente discutido neste livro, não se concebe a lógica do treinamento tático dissociada da constante e sistemática avaliação do comportamento e desempenho dos jogadores, o que fornecerá informações para o constante ajuste dos conteúdos e estratégias pedagógicas. Nesse contexto, é fundamental que aquilo que se observa responda exatamente aos princípios que se treina! Contudo, por diversas vezes, há sistemas observacionais excessivamente genéricos, nomeadamente aqueles centrados em ações com bola (*scouts* técnicos, por exemplo), que são utilizados no dia a dia sem nenhuma relação com o modelo de jogo e os princípios treinados. De maneira análoga, é como se treinássemos maratonistas para correr na rua e avaliássemos seu desempenho em um teste na piscina. Face ao exposto, o currículo de formação do clube deve conceber não apenas quais (e de que forma) os princípios táticos comporão o modelo de jogo do clube, mas também como esses serão avaliados e quais indicadores de desempenho serão sistematicamente adotados para ajustar o processo de treinamento.

5.3 ESTRUTURA TEMPORAL DO SISTEMA DE FORMAÇÃO E TREINAMENTO ESPORTIVO APLICADO AO FUTEBOL

A estrutura temporal abrange a sequência de fases e momentos que caracterizam a compõem os diferentes níveis de rendimento esportivo, conforme as diferentes faixas etárias e acervo de experiências (GRECO; BENDA, 1998). Nesse cenário, a proposta de uma estrutura temporal não pode, porém, ser entendida como uma regra para a progressão dos conteúdos, de forma que as idades sejam fielmente seguidas e representadas no ambiente prático. Ao contrário, deve-se considerar as idades como referências, as quais podem ser ajustadas face à realidade observada no clube/escola.

A estrutura temporal do Sistema de Formação e Treinamento Esportivo contempla 11 fases e três grandes etapas (ver figura 53). A etapa inicial, de Formação, contempla fases iniciais do acesso ao esporte. Essas fases encontram-se fundamentalmente subsidiadas pela Iniciação Esportiva Universal (GRECO; BENDA, 1998)[8], mantendo pressupostos pedagógicos

[8] A proposta deste livro ampara-se fortemente na abordagem da Iniciação Esportiva Universal. Como o processo de treinamento tático é precedido pelo processo de Ensino-Aprendizagem, recomenda-se a leitura da obra original (GRECO; BENDA, 1998) para entender a estrutura temporal durante a fase de Formação.

e metodológicos dessa proposta. Como ênfase, ressaltamos a permanente necessidade pelo combate à especialização precoce, possível por meio da ampliação dos estímulos e acesso ao maior número de modalidades esportivas possíveis (não necessariamente do ponto de vista da estrutura formal de uma modalidade esportiva, mas prioritariamente durante as aulas e treinos).

Figura 53 - Estrutura temporal do processo de formação esportiva

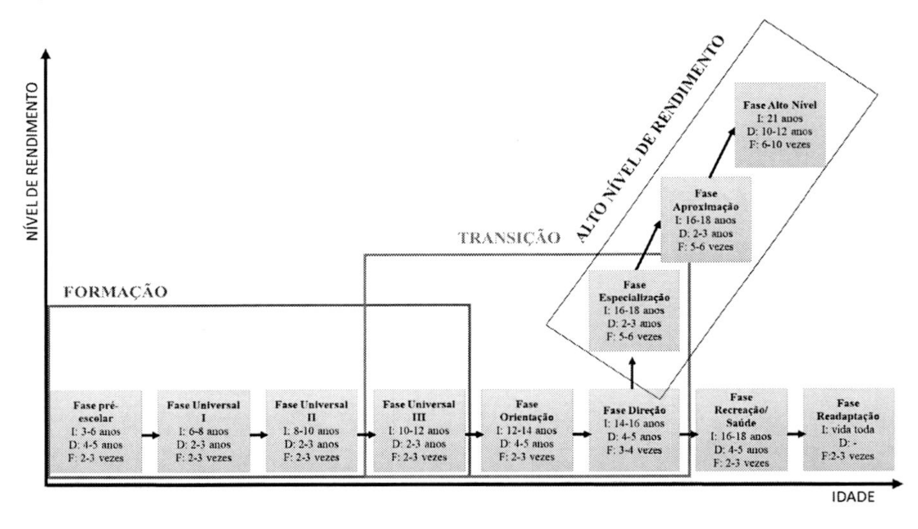

Legenda: I: idade de referência para início da fase; D: duração esperada da fase; F: frequência semanal de atividades em cada fase.

Fonte: adaptado de Greco e Benda (1998)

Considerando a ênfase na modalidade futebol presente neste livro, compreendemos que a sistematização do treinamento tático específico a essa modalidade se inicia nas fases que compreendem a etapa de transição e avança para a etapa de alto nível de rendimento. Nesse cenário, propõe-se um crescimento em complexidade dos conteúdos ao longo do processo de treinamento, de forma que as bases para a ação tática em uma fase seguinte sejam adequadamente desenvolvidas na fase anterior. Assim, o objetivo deixa de ser prioritariamente alcançar elevados índices de rendimento no momento atual do atleta, principalmente nos anos iniciais da fase de transição, mas sim perspectivar elevado desempenho no futuro por meio de uma adequada sistematização temporal dos conteúdos.

A transição para a especificidade do futebol se inicia na **Fase Universal II**. Nessa fase, que tem como referência o período entre os 10-12 anos, observa-se o surgimento das primeiras equipes competitivas no meio do futebol. A prevalência de competições traduz-se em um momento de elevado impacto na formação esportiva das crianças, o que precisa ser permanentemente (re)significado pelos treinadores. "Proporcionar a competição esportiva para crianças e adolescentes não significa, necessariamente, que o processo esportivo tenha a missão de produzir atletas" (MONTAGNER; SCAGLIA, 2013). Isso implica considerar que a competição, nos anos iniciais de prática sistemática do futebol, deve ser entendida como meio (caminho para permitir formação esportiva), e não como finalidade. Não se trata de desvalorizar a competição, mas sim entender seu papel pedagógico nesse momento inicial de formação esportiva.

Ainda na Fase Universal II, do ponto de vista do treinamento tático, sugere-se o início da transição da ênfase em Capacidades Táticas Básicas (foco prioritário no nível inicial[9]) para a utilização de princípios táticos gerais e operacionais (e fundamentais, em menor medida) em contexto mais próximo ao futebol. Ressalta-se que, de um ponto de vista metodológico, a aprendizagem implícita (por meio de processos de Ensino-Aprendizagem-Treinamento incidentais) deve fazer-se presente na maior parte do tempo nesta faixa etária, com o incentivo à vivência de situações-problema em contexto de jogo. Nessa fase, os atletas usualmente não possuem conhecimento suficiente sobre a lógica interna do jogo de futebol, portanto não se recomenda a vivência regular (de maneira maciça) de princípios táticos específicos, nomeadamente de maior complexidade, durante processo de treinamento.

Na sequência, os atletas encontram-se na Fase de Orientação. No contexto brasileiro, essa é a primeira fase em que há regularmente clubes de formação com equipes e calendário regional e nacional (sub-13 e sub-14). Nesse ponto, ressalta-se que a elevação no nível competitivo em razão do caráter nacional de muitas competições impõe uma maior exigência decisional nos jogadores. Por outro lado, treinadores veem-se na obrigação de produzir um jogo coletivamente coerente, esteticamente válido (por exemplo, com "linhas defensivas bem definidas"). Nesse momento, regularmente incorre-se em um erro de privilegiar, precocemente, princípios específicos e o jogo coletivo em demasia, o que temporalmente pode reduzir

[9] Para maiores detalhes, recomendamos a obra *Escola da Bola* (KROGER; ROTH, 2002).

o acesso dos jovens a oportunidades de formação tática (principalmente na relação eu-bola-adversário). Diante disso, recomenda-se uma introdução de conceitos específicos do jogar pretendido, mas uma ênfase ainda compartilhada entre Princípios Táticos Operacionais e Fundamentais, os quais ampararão o desenvolvimento do conhecimento tático acerca da lógica interna do jogo de futebol.

Na fase de direção (categoria sub-15 e a transição para o sub-17), entende-se haver uma definitiva aproximação com a especificidade na modalidade. Do ponto de vista do treinamento tático, em um processo longitudinalmente coerente, subtende-se que o atleta, nessa faixa etária, possui um bom nível de conhecimento geral sobre a modalidade, o que permite observar-se um aumento na preocupação com o desenvolvimento de conteúdos específicos característicos do modelo de jogo com maior ênfase. Contudo, em razão da recorrente inclusão de jogadores nos clubes nessa faixa etária (na medida em que ainda há um ativo processo de captação de atletas nessa idade), bem como às constantes mudanças corporais observadas a partir dos estágios finais da maturação física, ainda se ressalta a necessidade de uma elevada ênfase na vivência de Princípios Táticos Fundamentais nessa fase. Todavia essa vivência será, nesse momento, diferente da vivência ampliada sugerida nas fases anteriores. Nesse momento, entende-se haver espaço para vivência específica dos princípios fundamentais em um ambiente cada vez mais próximo do contexto real do jogo. Isso implica assumir uma elevação na complexidade do contexto decisional durante a aplicação dos princípios táticos fundamentais (ao final deste capítulo, você terá acesso a um exemplo de elevação da lógica da complexidade na vivência de um princípio tático fundamental).

Na fase de direção, (categoria sub-17), a rotina de treinamento dos atletas aproxima-se daquela observada na categoria profissional (pelo menos no que tange ao volume total de treinamento semanal, por exemplo). Nesse sentido, com amparo do conhecimento tático desenvolvido via o ensino dos princípios táticos gerais, operacionais e fundamentais, os treinadores possuem condições pedagógicas para a implementação de princípios específicos em um maior nível de complexidade. Nesse momento, na perspectiva do treinamento tático, observa-se um ampliado espaço para o desenvolvimento de dinâmicas coletivas do jogar, sempre amparadas por ações individuais bem desenvolvidas em fases anteriores. Em contrapartida, cabe ao treinador manter o estímulo aos princípios táticos fundamentais, sendo esses vivenciados em interação (e subsidiados por) com os princípios norteadores do jogar específico da equipe.

As etapas de especialização e aproximação coincidem com a transição sub-17-sub-20 e sub-20- profissional, principalmente. Nessas fases sugere-se, pela primeira vez na estrutura temporal, uma maior ênfase em princípios específicos do que nos demais conteúdos. Essa ênfase se sustenta no fato de que há (ou deveria haver), nessas idades, uma permanente integração dos atletas da categoria de base no elenco profissional. Diante disso, o currículo de formação deve prever, do ponto de vista dos conteúdos do treinamento tático, um alinhamento metodológico e substantivo com os princípios que alicerçam o jogo da equipe profissional. Esse processo, além de facilitar a integração dos atletas, auxiliam treinadores a nortear a formação de atletas, ao invés de uma busca por permanentes ajustes situacionais em razão de competições, adversários específicos etc. Assim, trata-se de fomentar a criação de um jogar, construído longitudinalmente, com os conteúdos específicos oferecidos sob a base de um elevado conhecimento sobre a lógica interna do jogo de futebol.

Ao final desse processo, encontra-se a fase de alto nível de rendimento, condizente com a categoria profissional das equipes de futebol. Nessa fase, cabe-nos ressaltar uma importante questão: do ponto de vista do aprimoramento das competências táticas, embora haja claras diretrizes e bons profissionais no clube, é absolutamente natural que haja lacunas na formação. Essas lacunas se justificam pela inserção tardia de atletas, pela modificação conceitual do jogo do clube, ou por uma própria dificuldade do atleta na assimilação dos conteúdos. Assim, alcançar o alto nível de rendimento não deve ser entendido como o fim do processo de formação tática, mas como mais uma etapa no caminho (permanente) de qualificação da capacidade decisional dos atletas. Assim, sugere-se ser fundamental manter, ainda que de maneira integrada a outros conteúdos, estímulos para o aprimoramento na compreensão dos princípios táticos fundamentais, apesar da necessária (e justificável) maior ênfase nos princípios táticos específicos. Essa necessidade torna-se ainda mais latente no momento de transição para o profissional, no qual, usualmente, atletas possuem poucos minutos efetivos de jogo e, por consequência, têm uma maior quantidade de tempo disponível em sessões de treinamento. Assim, além da vivência altamente especializada dos conceitos inerentes ao modelo de jogo da equipe, sugere-se a preocupação da comissão técnica no desenvolvimento, nesses jovens recém-promovidos principalmente, de uma rotina específica às suas necessidades face às potenciais lacunas no conhecimento de base identificadas. Em resumo, é necessário continuar ampliando o conhecimento geral sobre o jogo.

Por fim, apresentamos um quadro sinóptico com os conteúdos do treinamento tático recomendados para cada fase. Ressaltamos que os valores representam referências, principalmente em relação à ênfase em cada conteúdo recomendada. No entanto a correta sistematização dos conteúdos deve observar a resposta dos atletas, de forma que grupos distintos de atletas possam apresentar especificidades, as quais demandarão um maior investimento de tempo em algum conteúdo específico (em contrapartida, uma redução em outros conteúdos mais bem desenvolvidos). O único caminho possível para entender a real necessidade de distribuição de conteúdos para cada equipe/grupo de atletas é a adoção sistemática de procedimentos avaliativos (ver capítulo 6, a seguir).

Quadro 2 - Recomendação de distribuição dos conteúdos ao longo do processo de formação

	Universal II	**Orientação**	**Direção**	**Especialização**	**Aproximação**	**Alto nível**
P.T. Gerais	85%	10%	5%	0%	0%	0%
P.T. Operacionais	10%	30%	15%	10%	5%	0%
P.T. Fundamentais	5%	45%	40%	40%	35%	20%
P.T. Específicos	0%	15%	40%	50%	60%	80%

Fonte: os autores

Progressão dos conteúdos e o papel do Princípio da Complexidade

No tópico anterior, abordamos uma proposta de distribuição dos conteúdos ao longo do processo de treinamento tático dos atletas, desde o início da prática sistematizada da modalidade, até o alto nível de rendimento. O leitor mais atento deve ter observado que todos grupos de conteúdos estão presentes em mais de uma fase (no caso dos princípios táticos fundamentais, por exemplo, sugere-se a vivência em todas as fases). Contudo, certamente, não pensamos que o treinamento de um princípio tático fundamental de penetração, por exemplo, deva ser igual para jovens de 13 anos e profissionais de 23 anos. Nesse sentido, como longitudinalmente progredir os conteúdos? É esse o papel realizado pelo princípio da complexidade.

Complexidade é definhada como um fenômeno no qual um elevado número de partículas (na acepção da palavra), bem como sua interação e interferência mútua, caracterizam um sistema auto organizador (MORIN, 2005). Isso significa que, para compreender o nível de complexidade de um dado sistema, faz-se necessário entender quantos elementos encontram-se nele e qual o nível de interação entre esses elementos.

No futebol, a quantificação do número de elementos apresenta-se como tarefa relativamente simples à primeira vista. Uma equipe é composta por 11 jogadores, os quais têm (ou deveriam ter) o comum objetivo de marcar gols e proteger a própria baliza. Mas e quando transferimos para o treino, visto que nem todas tarefas possuem a mesma estrutura do jogo formal?

Quando pensamos no treino, a lógica de modificar a complexidade da tarefa assenta-se, nesse primeiro momento, na regulação no número de estímulos aos quais o atleta está submetido. Esse número pode ser ajustado pela modificação na quantidade de atletas no jogo, por exemplo. Imagine uma criança, nos anos iniciais de prática no futebol. Quantos coletas de equipe e adversários ela precisa atentar-se durante um jogo 7vs7? Certamente um número acima da sua capacidade atencional naquele momento. E se o jogo for substituído por uma tarefa 1vs1+1, quantos são os estímulos aos quais a criança deve direcionar sua atenção? Certamente menos do que no jogo 7vs7. Portanto, uma simples maneira de manipular a complexidade da tarefa é modificar o número de jogadores presentes em um mesmo contexto de exercitação – reduzindo o número de jogadores para diminuir a complexidade e aumentando para elevar a complexidade. Outras formas simples de ajuste na complexidade assentam-se no aumento ou redução no número de regras no jogo e no número de gols/alvos, por exemplo.

No entanto a complexidade não se refere unicamente ao número de elementos presentes em um determinado sistema, conforme já apresentado anteriormente. A interação que esses elementos estabelecem implica a formação de estruturas mais ou menos complexas. Um exemplo cotidiano temos ao observar, novamente, crianças iniciando na prática do futebol. Imagine-se agora como o treinador de um grupo de crianças de 6-7 anos de idade. Num dado momento, você opta por realizar um jogo na estrutura

5vs5. Organiza (com bastante dificuldade, face à inquietude das crianças) o jogo, distribui os coletes e posiciona cada equipe em sua metade do campo. Feito isso, você soa o apito, autorizando o início do jogo. Qual é o primeiro comportamento a ser observado? Num grupo absolutamente normal de crianças, observar-se-ão todas (ou quase todas), correndo desesperadamente em direção à bola. Além disso, o treinador poderá observar comportamentos ilógicos, tais como uma criança roubar a bola de um colega de equipe ou não comemorar um gol marcado por um colega. Aparentemente, a criança "não compreende a lógica do jogo".

Por que tais comportamentos acontecem? A explicação, à luz da lógica da complexidade, assenta-se na ausência de interação entre as partes que compõem o sistema em um dado momento. Na lógica da criança, o jogo de futebol resume-se ao gesto técnico de "chutar a bola", portanto, ao não estar com a bola, a criança simplesmente não pratica o jogo. Nesse cenário, não há interação – orientada por princípios – entre os colegas de equipe. As ações são exclusivamente direcionadas pelas vontades individuais dos jogadores, o que configura um sistema de baixa complexidade (apesar de um elevado número de "partes).

No entanto, ao longo do tempo, observa-se o estabelecimento de princípios táticos que norteiam o jogo coletivo das equipes. Esses princípios táticos permitem o aparecimento de comportamentos altamente interligados. Por exemplo, o simples fato de um lateral ajeitar a bola para a perda de fora desencadeia uma sequência de ações como o deslocamento em profundidade do extrema, a aproximação do centroavante, o avanço da última linha de defesa (e tantos outros). Sem a necessidade de comunicação verbal, os jogadores têm sua ação regulada (interligada) pela ação dos colegas. Nesse cenário, um mesmo jogo pode apresentar-se mais complexo na medida em que o praticante compreende as interações estabelecidas com os colegas de equipe, isto é, quanto maior seu conhecimento dos princípios táticos que norteiam o jogo da equipe.

Tarefas mais complexas, logicamente, tendem a gerar nos atletas uma maior taxa de erro, ao passo que tarefas menos complexas reduzem a taxa de erro. E é esse o ponto que norteia a aplicação do princípio da complexidade no treinamento tático no futebol. Caso o nível de exigência (isto é, a complexidade da tarefa) seja excessivamente elevado para o atleta, tem-se uma dificuldade na própria compreensão do contexto de exercitação, o que limita o desenvolvimento do conhecimento tático. Isto é, aqui a máxima "quanto mais, melhor", certamente não se aplica. Por outro lado, se a tarefa apresentar um nível de exigência baixo, isto é, decisões óbvias e baixa necessidade de esforço cognitivo, não haverá a necessidade de adaptação cognitiva do atleta. Portanto, há baixa perspectiva de que se configure, a longo prazo, aprendizagem tática. Nesse ponto, a máxima "quanto mais fácil, melhor" também não se aplica. Em resumo, é necessário manter um nível de complexidade da tarefa suficientemente desafiador para o atleta, mantendo-o interessado na busca por soluções para as situações-problema, mas que permita que essas soluções sejam, durante o jogo, encontradas regularmente. Nesse cenário, é importante que o atleta vivencie situações de êxito, as quais servirão de base para as decisões futuras, bem como vivencie situações de erro, as quais apontarão caminhos a serem melhorados no processo decisional.

Uma questão frequentemente ignorada durante o processo de treinamento tático no futebol é o papel modelador do erro durante as fases de aprendizagem (em um contexto em que há também situações de acerto que possam ser "comparadas" àquelas em que houve erro). Não se trata, é claro, de ensinar o atleta a errar, mas sim de ajustar, NO TREINO, a complexidade da tarefa para que erro e acerto permitam a formação de uma melhor imagem mental da árvore de tomada de decisão (o que fazer face a determinado sinal relevante). Assim, ajustar o conteúdo da sessão de treino, permitindo que o alcance de taxas MODERADAS de erro, tornará o atleta mais apto, gradativamente, a atuar em um contexto de maior complexidade. O resultado será, a longo prazo, a redução do erro NO JOGO!

Considerando o contexto imediato de vivência de uma tarefa tática, treinadores podem amparar-se na taxa de erros para compreender o real nível de complexidade da tarefa e ajustá-lo, intrassessão, para o grupo de atletas. A taxa de erro é compreendida como a razão entre os erros observados para um determinado comportamento/princípio pelo total de oportunidades de realização da ação. Por exemplo, imagine que, em um jogo 2vs2, o atleta receba a bola 10 vezes em um intervalo de 1 minuto em condições de progredir no campo de jogo (isto é, de realizar uma penetração). Como treinador, você observa que o atleta foi bem-sucedido em apenas uma das 10 tentativas (ou seja, a taxa de erro está em 90%). Assim, cabe ao treinador manipular a complexidade da tarefa para facilitar a ação do atacante. Um exemplo, sugerido à luz do modelo pendular, seria incluir uma tarefa adicional para a equipe na defesa (por exemplo, trocar passes com as mãos com uma segunda bola), o que reduziria o número de interceptações e roubadas de bola e, consequentemente, traria a taxa de erro de um valor muito elevado para (potencialmente) um valor moderado. Nesse ambiente, mantendo-se a dificuldade elevada para os defensores, observar-se-á uma sistemática redução na taxa de erro, a qual, em um determinado momento, tenderá a valores próximos a zero se a complexidade da tarefa se tornar muito baixa para o atacante. É nesse momento que o treinador deve intervir, novamente, tornando a tarefa mais complexa para os atacantes (o que poderia ser feito simplesmente retirando a bola das mãos dos defensores). É esse "vai e vem" no ajuste da tarefa que, na nossa concepção, fortalece o papel pedagógico do treinador durante o processo de treino e torna o sucesso sensivelmente dependente da capacidade do treinador em garantir adequados contextos de aprendizagem para os atletas.

De maneira geral, a progressão dos conteúdos deve embasar-se na resposta dos atletas às sessões de treino. O melhor caminho para conhecer essas respostas (ou adaptações, em uma linguagem mais próxima do treinamento esportivo e especificamente referindo-se às respostas crônicas) é avaliando sistematicamente o nível de conhecimento e desempenho tático dos atletas, o que será mais bem detalhado no capítulo seguinte. Por exemplo, imagine que você tem um atleta com elevado conhecimento em contenção e cobertura defensiva, mas baixo domínio na realização de equilíbrio defensivo (o que poderia caracterizar um zagueiro, por exemplo). Esse baixo domínio é caracterizado por um percentual de acerto desse princípio, em uma situação de teste padronizada, na casa de 30%. Para garantir que o atleta tenha condições para vivenciar o princípio e aprimorar seu conhecimento acerca dela, faz-se necessário um ajuste na complexidade da tarefa, seja reduzindo o número de jogadores, seja reduzindo o espaço de jogo (para facilitar a realização de equilíbrio defensivo no lado contrário, por exemplo). Num momento seguinte, quando o nível de desempenho no teste padronizado chegar a 60%, valores próximos aos demais jogadores da mesma posição, por exemplo, poder-se-ia submeter o atleta à vivência do princípio em situações mais próximas ao jogo formal, ou em um ambiente com mais jogadores e inferioridade numérica defensiva, por exemplo, Nestes casos, a manipulação na disponibilidade de informações ambientais para o atleta configura um ajuste na complexidade da tarefa, o que permite ao atleta vivenciar o conteúdo em um nível de exigência adequado à capacidade atual do atleta.

Complexidade e o treinamento tático com pequenos jogos

Na parte final deste livro, serão apresentados exemplos para o treinamento tático, nomeadamente com o uso dos pequenos jogos. Serão apresentados ainda resultados de importantes investigações científicas que permitem embasamento dos treinadores para a escolha por determinadas configurações de pequenos jogos para ênfase em comportamentos táticos específicos dos jogadores durante o treinamento tático. Nesse cenário, cabe-nos, neste momento, resumir a lógica de compreensão e aplicação do princípio da complexidade à luz da utilização de pequenos jogos como meios no processo de treinamento tático no futebol.

A primeira questão tem a ver com a progressão longitudinal do treinamento tático no futebol. Se, conforme previamente discutido, faz-se necessário o permanente ajuste na complexidade da tarefa para garantir taxas moderadas de erro durante o treinamento, naturalmente é esperado um gradativo aumento na complexidade das tarefas apresentadas aos atletas (novamente, sem que isso repercuta em uma excessiva taxa de erros). Para tanto, dois caminhos no uso dos pequenos jogos são possíveis: manipulação no número de jogadores e nas regras do jogo para o direcionamento a determinados princípios táticos.

Em relação ao número de jogadores (tópico discutido com mais detalhes no capítulo 7), é esperada uma evolução gradual no número de jogadores durante as tarefas de treino simplesmente porque tarefas com elevado número de jogadores são, via de regra, excessivamente complexas para crianças nos anos iniciais de prática. Contudo não se trata de uma exclusividade de jogos com números reduzidos de jogadores nos anos iniciais e de grandes jogos nos anos finais, mas sim em uma ênfase. Nesse cenário, é fortemente recomendado que, nos anos iniciais, privilegiem-se jogos até a estrutura funcional 3vs3, a qual garante a vivência de todos princípios táticos fundamentais, com gradativo crescimento na ênfase ao longo dos anos. Assim, progredir em complexidade, novamente, é gradativamente progredir a ênfase das estruturas menores para as maiores.

Além disso, e considerando que o modelo de jogo é uma construção resultante de um processo a longo prazo, quanto maior o número de princípios táticos imbricados no jogar da equipe, maior a complexidade da tarefa. Nesse cenário, apresenta-se fundamental que, no início da vivência da modalidade, o comportamento exploratório seja favorecido pelas crianças e jovens, tornando o jogo menos complexo (mais adequado, portanto, ao seu nível atual de rendimento). Assim, gradativamente inserem-se princípios táticos específicos para nortear o jogar coletivo da equipe, de forma que a inclusão de novos princípios não transforme as tarefas de treino em um ambiente com elevada taxa de erro (novos princípios serão acrescidos à medida que os anteriores se encontram bem compreendidos pelos atletas). Dessa forma, em resumo, espera-se que longitudinalmente a complexidade das tarefas seja manipulada pela inclusão de novos princípios táticos inerentes ao modelo de jogo da equipe, os quais tornarão, gradativamente, as interações entre os colegas de equipe mais fortes (e, consequentemente, tornarão o jogo mais complexo).

CAPÍTULO 6

AVALIAÇÃO DO DESEMPENHO E DA CAPACIDADE TÁTICA NO FUTEBOL

6.1 INTRODUÇÃO

Historicamente, o treinamento (principalmente da capacidade tática) no futebol foi compreendido sob a díade planejar-executar. Na prática, treinadores elaboram planos de treino, executam esse plano com o grupo de atletas e reiniciam o processo na sessão seguinte. Todavia não parece faltar algo importante nessa lógica? Especificamente, como a resposta dos jogadores face ao treinamento é considerada na planificação?

A pergunta anterior reflete a reduzida preocupação acerca dos processos de avaliação observada em diferentes contextos da prática do futebol. Assume-se que uma boa planificação não demanda a inclusão de dados acerca da resposta dos atletas (isto é, como e o que aprendem em relação ao conteúdo proposto). Ou, na melhor da hipótese, credita-se à observação assistemática do treinador (como ele subjetivamente vê o aprendizado do atleta) o fornecimento de informações para o ajuste das sessões subsequentes.

Nesse ponto, entendemos que o treinamento esportivo (não unicamente o treinamento tático) se caracterize como um processo que se baseia na aplicação de estímulos para a geração de adaptações crônicas que resultarão na melhora do desempenho esportivo (SZMUCHROWSKI; COUTO, 2013). Isso significa, conforme discutido anteriormente neste livro, que o treinador deve possuir intencionalidades claras ao selecionar determinadas cargas e determinados conteúdos durante o processo de treinamento. Nesse cenário, imagine-se planejando uma sessão de treinamento com vistas ao aprendizado do princípio tático fundamental de Cobertura Ofensiva. Nesse contexto, responda as seguintes perguntas: se os atletas tiverem apresentado nível de compreensão do princípio tático abaixo do esperado para a categoria e o nível competitivo na sessão anterior, as atividades da sessão atual seriam as mesmas? E se o nível de compreensão fosse mais alto do que o esperado, a sessão também seria a mesma? E se, dentro do mesmo grupo, houvesse atletas com diferentes níveis de compreensão do princípio, todos fariam as mesmas atividade, com o mesmo nível de complexidade?

É natural que as três perguntas anteriores suscitem uma resposta negativa a todos os treinadores. Porém como obter os indicadores necessários para adequar de maneira apropriada a atividade? É nesse cenário que emerge a importância do estabelecimento de processos sistemáticos de avaliação do desempenho e da capacidade tática nos clubes de futebol. Se bem conduzidos, processos de avaliação permitem adequado controle operacional do processo de treinamento, isto é, acompanhamento das respostas crônicas dos atletas ao treinamento e o subsequente ajuste nas cargas (SZMUCHROWSKI; COUTO, 2013) (ou, mais especificamente no caso do treinamento tático, nos conteúdos). Assim, entende-se que o treinamento da tática preconiza processos indissociáveis de planificação, execução e avaliação. Nesse processo, o treinador planeja um determinado conteúdo para o treinamento tático. Esse conteúdo é executado, considerando-se inclusive que, em diversos momentos, a resposta dos atletas ao conteúdo planejado distancia-se daquela esperada pelo treinador (pela própria natureza não linear dos processos de aprendizagem tática). Na sequência, e de maneira sistemática, avalia-se a resposta dos atletas àquele processo de treinamento, provendo o treinador com informações que lhe permitirão reajustar os conteúdos, seja acelerando processos compreendidos mais facilmente do que o esperado pelos atletas, seja investindo mais tempo em conteúdos não totalmente assimilados pelo grupo.

Figura 54 - Processos sistêmico de planejamento, execução e avaliação

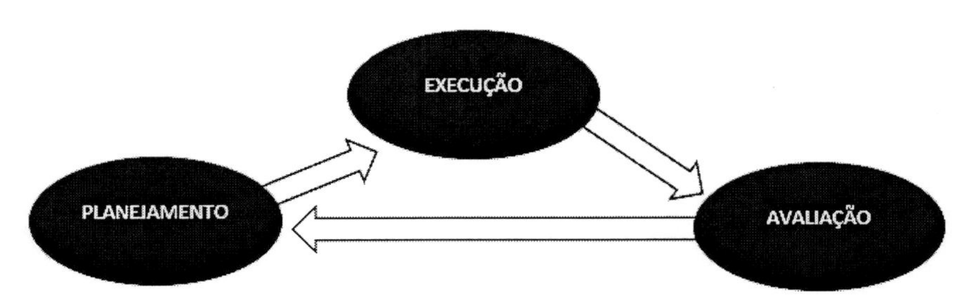

Fonte: os autores

A avaliação de conteúdos relacionados à tática nos esportes coletivos, mais especificamente no futebol, caminhou nos últimos anos para dois conceitos bem delimitados. Por um lado, estudos amparam-se em testes e protocolos, muitas vezes laboratoriais, para medir a CAPACIDADE tática, que aqui é entendida como o potencial do atleta para tomar decisões adequadas no jogo. Para a avaliação da capacidade tática, recorrem-se a protocolos como o Teste de Conhecimento Tático Declarativo: Futebol – TCTD: Fb – (SILVA *et al.*, 2018a), que permitirão saber de maneira ampliada o conhecimento específico do jogador sobre as dinâmicas decisionais no futebol. Ressalta-se, contudo, que tal capacidade pode ser limitada, no contexto real de ação, por diversos fatores situacionais (como, por exemplo, a fadiga, o estado do gramado, estresse, entre outros). Por outro lado, estudos reportam medidas sobre a prestação atual dos atletas no contexto real de ação, o que configura a investigação sobre o DESEMPENHO tático. Por exemplo, diversos estudos mediram o desempenho tático dos jogadores em situações de pequenos jogos a partir do Sistema de Avaliação Tática no Futebol – FUT-SAT (TEOLDO *et al.*, 2011a), indicando, como exemplo, o percentual de acerto dos princípios táticos fundamentais em tarefas de treino específicas (como pequenos jogos com e sem limite de toques na bola, por exemplo). Em outro exemplo, estudos investigaram o desempenho individual e coletivo de equipes a partir da análise posicional (coordenadas polares) (FOLGADO *et al.*, 2012; OLTHOF; FRENCKEN; LEMMINK, 2017), indicando padrões de movimentação em contextos reais da manifestação esportiva.

Na investigação sobre a capacidade tática, dois diferentes construtos emergem na literatura. Por um lado, estudos e instrumentos amparam-se no conceito do Conhecimento Tático Declarativo (CTD) para mensurar a capacidade tática do atleta. Por conhecimento declarativo, entende-se aquelas estruturas armazenadas na memória que podem ser verbalizadas, que se apresentam mais claras ao participante (CHI; GLASSER, 1980). O CTD representa a forma como o atleta responde à pergunta "o que fazer?" face a um problema tático no jogo. Para avaliação desse construto, diversos autores utilizam testes de vídeo com imagens de partidas reais, nas quais se solicita do atleta a verbalização (ou escrita) da melhor resposta face a situações-problema padronizadas apresentadas a ele. Por outro lado, tem-se o construto do Conhecimento Processual, o qual pode ser brevemente definido como o saber, eminentemente prático, como resolver os problemas que emergem no jogo (isto é, o "como fazer") (ANDERSON; BOTHELL; BYRNE, 2004; STERNBERG, 2000). Ressalta-se que nem todo conhecimento verbalizável é transformado em respostas práticas pelos atletas, bem como nem todo conhecimento prático é verbalizável, mas existe um link entre essas estruturas que permite a "proceduralização" daquilo que é aprendido de maneira declarativa (REBER, 1992). Assim, para permitir um ampliado acervo decisional, atletas precisam, na prática, de VARIEDADE de estímulos!

A literatura tem avançado, nos últimos anos, na elaboração de testes padronizados que permitem a avaliação do conhecimento tático em situações laboratoriais e de jogo, os quais permitem estimar a capacidade tática do atleta relacionada à modalidade (a exemplo do TCTP:OE e do FUT-SAT). Por outro lado, destacam-se os esforços de diferentes grupos de pesquisadores para propor técnicas observacionais e soluções tecnológicas para investigação do desempenho tático em contexto de jogo (oficial e em situações de treino). Além do supracitado FUT-SAT, o qual também permite a avaliação do desempenho tático em tarefas de treino, a avaliação do desempenho tático – por meio da análise do comportamento – tem avançado no último ano principalmente em razão dos estudos com variáveis posicionais. A grande vantagem desses protocolos é a obtenção potencialmente automática dos dados, o que facilita o dia a dia dos clubes para a interpretação do jogo e do desenvolvimento tático dos atletas. Ainda, estudos recentes trataram de adaptar a linguagem da *Social Network Analysis* para a interpretação das interações estabelecidas entre os jogadores, a qual apresenta como principal vantagem o baixo custo para obtenção dos dados. Além desses, a análise sequencial, utilizada no futebol há pelo menos duas décadas, permite aos analistas decodificar padrões de comportamento dos jogadores e das equipes, indicando úteis informações usualmente inacessíveis mediante a observação assistemática das partidas e treinos. De maneira geral, o que se observa nos dias atuais é uma vasta gama de possibilidades para treinadores, auxiliares técnicos e analistas de desempenho no que tange às variáveis e protocolos para intepretação da componente tática no futebol, embora, infelizmente, observem-se parcos esforços no estabelecimento sistemático desses processos em diversos clubes. Na sequência os testes e protocolos mencionados nessa introdução serão apresentados com maior profundidade.

6.2 AVALIAÇÃO DO CONHECIMENTO TÁTICO DECLARATIVO

Conforme previamente definido, o conhecimento tático declarativo refere-se às estruturas do conhecimento verbalizáveis pelo atleta. Nesse sentido, apresenta-se natural que testes para avaliação desse construto amparem-se na apresentação de tarefas táticas e de soluções – verbais ou escritas – para os problemas visualizados pelos atletas. É sob esse paradigma que se desenvolveram testes em diversas modalidades esportivas, incluindo o futebol, nas últimas décadas.

O primeiro instrumento amplamente utilizado para avaliação do CTD no futebol foi o teste de Mangas (MANGAS, 1999). Nesse, os atletas assistem a cenas de futebol e, ao final, apontam qual das quatro alternativas propostas melhor resolve a situação problema apresentada. Ressalta-se a importância da proposição deste teste para a condução de diversos estudos no futebol nos anos seguintes (GIACOMINI, 2007; MOREIRA *et al.*, 2014), o que permitiu uma significativa ampliação do conhecimento acerca do caminho até a expertise na modalidade.

Todavia, no seu formato original, o teste reduz as possibilidades de avaliação de questões importantes relativas à tomada de decisão no futebol. Nomeadamente, a capacidade do atleta em gerar opções (RAAB; JOHNSON, 2007) e a avaliação das tomadas de decisão intuitivas (RAAB; LABORDE, 2011) são limitados na medida em que as respostas devem ser selecionadas a partir de alternativas já dadas aos atletas. Assim, não se conhece "como" o atleta chegou até a resposta certa, por exemplo.

Nesse sentido, desenvolveu-se o Teste de Conhecimento Tático Declarativo no Futebol: TCTD:Fb (SILVA *et al.*, 2018a), amparando-se exatamente nos supracitados paradigmas de geração de opções de das decisões intuitivas, na ideia de complementar as informações fornecidas na literatura. O teste compreende 19 cenas de futebol, de jogos do campeonato brasileiro, nas quais se demanda do atleta a geração de opções e escolha da melhor resposta, sem oferecimento de alternativas, após cada vídeo. A avaliação do Conhecimento Tático Declarativo, a partir de cenas validadas por peritos, é conduzida com base na primeira resposta selecionada pelo atleta a partir da pergunta: "Qual a melhor tomada de decisão para o portador da bola?" realizada ao final de cada cena de vídeo.

Para a aplicação do teste, os atletas são posicionados em uma sala na qual as cenas de jogo são apresentadas em uma projeção na parede realizada por um equipamento de Datashow. Os atletas assistem a cada vídeo e têm, ao final, 45 segundos para elencar as quatro melhores decisões em ordem decrescente em uma folha previamente estabelecida para esse fim. Durante esse período, a cena não está disponível de maneira estática, configurando o paradigma da oclusão visual (MANN *et al.*, 2007; ROCA *et al.*, 2013). A partir desse paradigma, espera-se que os processos decisionais baseiem-se predominantemente em um pensamento intuitivo, visto que as pistas para a tomada de decisão não estarão disponíveis visualmente ao final do vídeo, o que permitiria uma análise analítica das possibilidades de ação e conferiria uma maior ênfase em no pensamento deliberativo. Em resumo, o teste possui quatro diferentes momentos para cada cena, exemplificados na imagem a seguir.

Figura 55 - Exemplo de aplicação do Teste de Conhecimento Tático Declarativo no Futebol

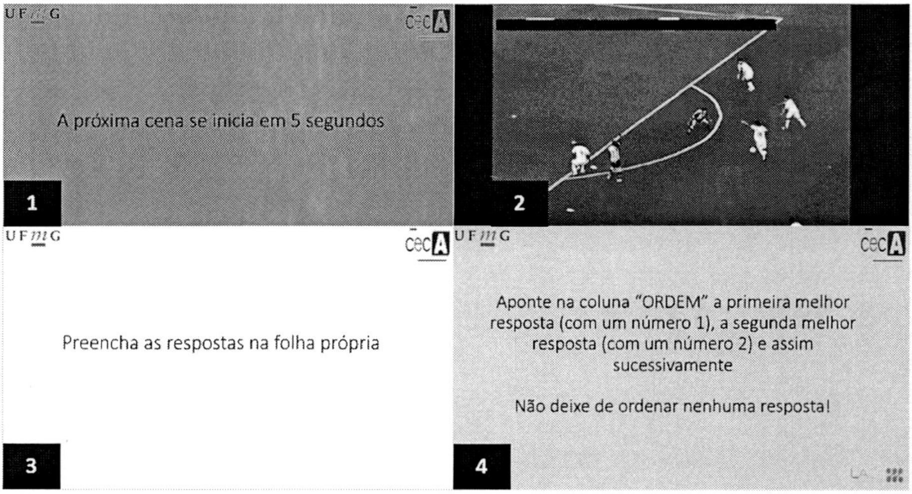

Fonte: os autores

Para a quantificação do conhecimento tático, avaliado via capacidade de tomada de decisão, a referência é melhor resposta selecionada pelos peritos. A partir das quatro respostas selecionadas pelo voluntário, verifica-se a posição relativa em que ele alocou aquela que, segundo os peritos, seria a melhor solução para a cena apresentada.

1. Melhor resposta dos peritos alocada na primeira posição pelo voluntário: 100 pontos
2. Melhor resposta dos peritos alocada na segunda posição pelo voluntário: 75 pontos
3. Melhor resposta dos peritos alocada na terceira posição pelo voluntário: 50 pontos
4. Melhor resposta dos peritos alocada na quarta posição pelo voluntário: 25 pontos

5. Melhor resposta pelos peritos alocada abaixo da quarta posição pelo voluntário: 0 pontos

O desempenho total no teste se dá pela soma da pontuação obtida pelo atleta em cada cena. Esse desempenho total permite inferir o nível do conhecimento tático declarativo do atleta avaliado.

6.3 AVALIAÇÃO DO CONHECIMENTO TÁTICO PROCESSUAL

O Sistema de Avaliação Tática no Futebol, FUT-SAT (TEOLDO *et al.*, 2011a) foi proposto pelo professor Israel Teoldo, dentro do Núcleo de Pesquisa e Estudos em Futebol da Universidade Federal de Viçosa; certamente um dos principais centros de produção de conhecimento sobre futebol no Brasil. O sistema apresenta-se, atualmente, como o principal instrumento para avaliação do comportamento e do desempenho tático específicos para o futebol, o que reflete a amplitude do seu uso em pesquisas científicas e em clubes de todo o Brasil.

O FUT-SAT contempla um sistema observacional, baseado nos Princípios Táticos Fundamentais (ver capítulo 2) e um teste de campo. Na medida em que permite a avaliação do domínio do atleta acerca desses conteúdos (princípios táticos), os indicadores de desempenho do FUT-SAT são entendidos como medidas do Conhecimento Tático Processual do praticante. Especificamente em relação ao teste de campo, observa-se a criação de uma situação padronizada que permite, de maneira específica, acompanhar o desenvolvimento da competência tática do atleta ao longo do processo de treinamento (o que seria potencialmente difícil se houvesse situações diferentes às quais se submetesse o atleta). Esse teste de campo compreende um jogo, na estrutura 3vs3, em um campo de 36x27m, no qual todas as regras do jogo oficial são aplicadas. O jogo tem a duração de quatro minutos, tempo suficiente para o aparecimento de todos os princípios táticos fundamentais. O teste é filmado para posterior análise, por peritos, acerca da incidência dos princípios táticos (quais são as preferências táticas de cada atleta?) e da qualidade no cumprimento desses princípios (o atleta executou corretamente o princípio?). A análise dos princípios táticos ampara-se na grelha fornecida pelo software Soccer Analyzer (ver figura 56). Ao final, obtêm-se dados que permitem o ajuste do processo de treinamento tático na modalidade, por exemplo, em relação à dificuldade de cumprimento de algum princípio tático.

Ressalta-se o importante papel do FUT-SAT na modelação do treino no futebol na medida em que seu regular uso permite individualizar o processo de treinamento na modalidade. Por exemplo, imagine que a categoria sub-15 de um clube possua quatro zagueiros centrais. Os quatro zagueiros, pelas diferenças na forma de leitura do jogo (seja por diferenças no processo de treino ao qual foram submetidos, seja por diferenças ao nível da individualidade biológica), possuem preferências e competências relacionadas aos princípios táticos fundamentais diferentes. Por exemplo, um dos zagueiros pode apresentar elevado desempenho relacionado à contenção e baixo desempenho relacionado à unidade defensiva, ao passo que outro pode apresentar comportamento contrário. Enquanto o primeiro apresentará maior facilidade nos confrontos 1x1, porém maior dificuldade na manutenção posicional da última linha de quatro, o segundo apresentará um comportamento exatamente invertido. Não caberia ao treinador, face às individualidades observadas, ajustar às necessidades de cada atleta os conteúdos do processo de treino? É exatamente essa a vantagem da aplicação sistemática do FUT-SAT durante a formação de jogadores de futebol.

Figura 56 - Exemplo de análise de um pequeno jogo 3vs3, na estrutura do FUT-SAT, usando o *Soccer Analyzer*

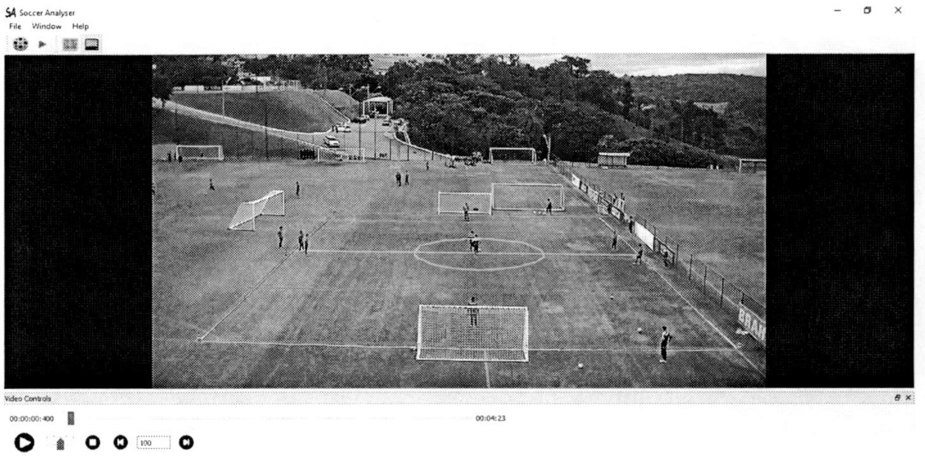

Fonte: os autores

Dado o amplo uso do FUT-SAT em trabalhos científicos, observam-se diversos textos nos quais o teste e o sistema observacional são detalhados.

Assim, para melhor compreensão, recomendamos a leitura dos materiais de referência sobre o sistema (TEOLDO *et al.*, 2011a; TEOLDO; GUILHERME; GARGANTA, 2015).

6.4 AVALIAÇÃO DO COMPORTAMENTO TÁTICO NO JOGO (MAS TAMBÉM NO TREINO)

Na sequência serão apresentados alguns instrumentos e técnicas comumente utilizados para análise de jogo no futebol. Antes de avançarmos com esse conteúdo, porém, cabe-nos apresentar dois importantes pontos de reflexão, um relacionado ao escopo do presente livro e outro em relação às perspectivas de aplicação dos instrumentos para investigação do comportamento dos jogadores.

Inicialmente, ressalta-se que este é um livro centrado no treinamento da componente tática no futebol. Para tanto, não pretendemos aqui abordar com elevada profundidade conteúdos referentes à análise de jogo. Para tal, há diversos outros materiais disponíveis na literatura, os quais podem ser consultados pelo leitor que se interessar pela área. Todavia apresentar instrumentos e técnicas observacionais faz-se necessário para provocar, no leitor, a reflexão sobre a já discutida necessidade de implementação sistemática da avaliação do comportamento dos jogadores ao longo do processo de treinamento.

Além disso, os instrumentos que apresentaremos a seguir referem-se, comumente, à investigação comportamental no jogo. No entanto cabe-nos salientar que, em nenhum caso, sua matriz conceitual restringe-se ao jogo "oficial", portanto todos instrumentos apresentados a seguir são potencialmente aplicáveis no treino. Investigar o comportamento dos jogadores exclusivamente no jogo revela-se um duplo erro na perspectiva do processo de treinamento tático. Inicialmente, o jogo muitas vezes não permite (pela própria lógica de oposição presente) que todos comportamentos treinados se manifestem. Portanto, pode não ser possível observar comportamentos simplesmente porque o jogo não os demandou tão frequentemente. Além disso, principalmente no que tange à formação dos atletas nas categorias de base, o jogo representa um momento de vivência da modalidade para 11 (talvez 14, 15) jogadores, ao passo que as equipes são compostas, em média, por 24 a 30 atletas. Portanto, como fornecer informações sobre o processo de treinamento, sobre a evolução e sobre os conteúdos a serem melhorados, daqueles atletas raramente relacionados ou selecionados no jogo? Essa lacuna é potencialmente corrigida se pensamos a análise do jogo também durante sessões de treinamento.

Dessa forma, não se trata de negar o jogo como ambiente fundamental tanto na formação quanto no alto nível de rendimento. Entretanto entende-se que o treino tem um papel fundamental, por vezes negligenciado, dada sua capacidade de fornecer informações ricas para o ajuste dos conteúdos e da complexidade das tarefas nas próximas sessões. Portanto, que a análise de jogo seja, também, análise do treino!

6.4.1 *Social Network Analysis*

A análise de jogo no futebol, embora não seja objeto central deste livro, apresenta-se como fundamental na planificação do treinamento tático, conforme amplamente discutido nos capítulos anteriores deste livro. Assim, estabelecer medidas do desempenho no jogo que auxiliem a nortear a planificação dos conteúdos e melhorar a formação dos atletas, bem como o desempenho no alto nível de rendimento, apresenta-se crucial para o desenvolvimento da modalidade.

Historicamente, essa avaliação se deu por indicadores discretos, como o total de passes, chutes e posse de bola. Tais indicadores, embora permitam extrair algumas informações úteis acerca da prestação esportiva da equipe, não trazem informações sobre a relação que os jogadores estabelecem no contexto de cooperação que caracteriza o jogo de futebol. Na prática, avaliam-se os jogadores, não a equipe. É nesse cenário que a análise a partir da *Social Network Analysis* (SNA) procura reverter.

O jogo de futebol se caracteriza por um contexto de cooperação e oposição. Nesse, os atletas de uma mesma equipe interagem na busca por soluções coletivas para a gestão do tempo e espaço no jogo. Na medida em que se assume a interação entre as partes, entende-se o contexto do jogo como a manifestação da lógica de um sistema (BERTALANFFY, 2008). Nesse contexto, um time composto por atletas de alto nível não é, necessariamente, um time de alto nível (BOURBOUSSON *et al.*, 2010). Assim, emerge a necessidade de investigar-se as relações estabelecidas entre os jogadores para compreender a prestação individual e coletiva no âmbito do jogo de futebol.

A SNA apresenta-se, diante do exposto, como ferramenta para investigar as relações entre os jogadores no jogo (não só) de futebol. Por meio da análise de networks, é possível identificar a estrutura e organização da equipe, contextualizar as relações interpessoais entre os jogadores, identificar jogadores-chave na equipe e conhecer tendências comportamentais tanto ao nível macro (equipe) quanto micro (jogador) gama (*et al.*, 2017). A riqueza das informações fornecidas por essa ferramenta é refletida pelo seu crescente uso em artigos científicos em revistas de alto impacto (CASTELLANO; ECHEAZARRA, 2019; GAMA *et al.*, 2014; PRAÇA *et al.*, 2019).

Na perspectiva do treinamento tático, a informação recolhida à luz da SNA apresenta-se fundamental na planificação do processo de treinamento. Por um lado, variáveis macro (densidade, por exemplo) indicam se o padrão de jogo de jogo da equipe ampara-se em uma construção apoiada ou rápida (considerando o passe como conduta critério) – apenas como um exemplo, não a única alternativa. Assim, treinadores podem facilmente verificar se o modelo de jogo, no que tange à organização ofensiva, está sendo bem executado pela equipe. Ainda, dados de variáveis micro (referentes aos jogadores) indicam os níveis de centralidade de cada atleta. Por exemplo, uma alta centralidade do lateral direito e do extrema que atua pela direita podem indicar uma preferência da equipe por esse corredor, o que pode tornar o jogo mais previsível e facilmente marcado pela equipe adversária.

O primeiro passo para a condução de uma análise de network é a definição do critério para considerar-se o estabelecimento de interações entre os jogadores. Comumente, estudos adotaram o passe como conduta-critério, face a sua importância na gestão da posse de bola, bem como a facilidade na identificação deste comportamento (CLEMENTE; MARTINS; MENDES, 2016). Assim, a ação de passar a bola do jogador A para o jogador B configura-se como uma interação "de A para B", informação coletada para proceder-se à análise das interações.

Embora a análise das interações, por meio dos passes, permita a obtenção de ricas informações sobre a equipe; os dados provenientes dessa análise restringem-se à fase ofensiva do jogo. Nesse contexto, sugeriu-se na literatura a análise das interações defensivas por meio da díade "Contenção – Cobertura Defensiva" (PRAÇA *et al.*, 2018). A ideia baseia-se no fato de que o oferecimento de cobertura defensiva reflete uma ação do jogador em defesa para apoiar o colega que realiza contenção, logo há a formação de uma interação entre os dois no sentido "da cobertura – para a contenção". A partir dessa análise, tem-se também a possibilidade de investigar as interações entre os jogadores na fase defensiva, lacuna que permanecia na literatura.

Após a definição do critério para o estabelecimento das interações, procede-se ao recolhimento dos dados para geração de uma matriz de adjacências. Essa matriz contém todas interações "de...para" observadas no jogo. Por exemplo, imagine que, em uma sequência ofensiva em um pequeno jogo 3vs3, o jogador A dá um passe para o jogador B, que devolve a bola para o jogador A que, finalmente, passa a bola para o jogador C, que tenta um chute e perde a bola. A matriz de adjacências correspondente a essa sequência ofensiva deveria ser elaborada conforme o exemplo a seguir:

Quadro 3 - Exemplo de matriz de adjacências

	A	B	C
A	-	1	1
B	1	-	
C			-

Fonte: os autores

Ao final de todas as sequências ofensivas (ou defensivas, dependendo do tipo de interação analisada), elabora-se uma matriz com a somatória das demais matrizes, a qual será analisada para a obtenção das variáveis. Atualmente diversos softwares gratuitos fazem o tratamento das informações de matrizes para produção de variáveis individuais e coletivas, a exemplo do ŚocNetV (https://socnetv.org/) e do uPATo (SILVA *et al.*, 2019).

As informações fornecidas pela SNA enquadram-se em duas escalas, conforme previamente apresentado: macro e micro. Entre as variáveis que dizem respeito à equipe, destaca-se a densidade e o *clustering coefficient*. Além dessas, as principais variáveis micro (relacionadas aos jogadores e seus respectivos níveis de centralidade) mais utilizadas na literatura são o *degree centrality*, o *degree prestige* e o *page rank*. A seguir, descrevemos as variáveis comumente utilizadas para intepretação do comportamento das equipes e dos jogadores.

- Densidade

Refere-se à razão entre os links observados e os links possíveis. Indica o quanto a equipe é capaz de criar ligações variadas entre os seus jogadores. Valores variam entre 0 e 1, sendo que 0 indica a inexistência de relações e 1 a existência de todas as ligações possíveis (CLEMENTE; MARTINS; MENDES, 2016).

- *Clustering Coefficient*

Indica o nível geral de "afeição" entre os colegas de equipe. Na prática, significa entender se o time é composto por diversos subgrupos, ou se o comportamento é homogêneo dentro da rede de interações. Equipes com maiores valores de *clustering coefficient* apresentam, de fato, uma gestão mais coletiva das ligações. Os valores variam entre 0 (mínima afeição entre os colegas de equipe) e 1 (maior afeição entre os colegas de equipe) (CLEMENTE; MARTINS; MENDES, 2016).

- *Degree Centrality*

Essa variável indica a proporção entre os links totais e os links realizados por cada atleta (CLEMENTE; MARTINS; MENDES, 2016). Na prática, atletas que distribuem o jogo apresentarão maior valor de *degree centrality* (considerando-se o exemplo das interações medidas por meio dos passes). Atletas com maiores valores nessa variável são aqueles que mais criam interações.

- *Degree Prestige*

Essa variável indica a proporção entre os links recebidos por cada atleta e os links totais (CLEMENTE; MARTINS; MENDES, 2016). Na prática, atletas que são alvos dos colegas de equipe apresentarão maior valor nessa variável (considerando-se o exemplo das interações medidas por meio dos passes). Atletas com maiores valores nessa variável são aqueles que mais recebem interações.

- *Page Rank*

Medida geral de popularidade do atleta dentro de uma rede de interações (CLEMENTE; MARTINS; MENDES, 2016). De maneira teórica, mensura a probabilidade de o atleta realizar uma interação após uma sequência razoável de passes. De forma aplicada, refere-se ao nível de importância do jogador dentro de uma equipe (considerando, é claro, o critério adotado para a interação). Quanto maior o valor dessa variável, maior a importância relativa do jogador dentro da rede de interações.

6.4.2 Análise posicional

A análise posicional ampara-se em dados coletados sobre a posição dos jogadores em cada instante temporal durante o pequeno jogo (ou jogo formal) (FOLGADO *et al.*, 2014). A posição do jogador, em cada instante temporal, pode ser obtida de maneira automática (sistemas de rastreamento automatizados, como Amisco e Prozone, ou dispositivos de GPS), ou de maneira manual (sistemas de *tracking* manual a partir da imagem de vídeo). A partir desses dados, a posição dos jogadores é convertida em eixos X e Y, os quais permitem a extração de diversas variáveis que permitem inferir estratégias comportamentais para gestão do tempo e espaço, tanto individualmente quanto coletivamente.

Em relação à análise posicional, ressalta-se a facilidade de obtenção dos dados em comparação aos outros instrumentos para coleta de dados a respeito do comportamento tático dos atletas, principalmente por meio de sistemas semiautomáticos de vídeo e de equipamentos de GPS. No entanto, ainda que diversos clubes possuam tais equipamentos (principalmente no caso dos dispositivos de GPS), seu uso restringe-se à investigação de variáveis físicas, como distâncias percorridas e acelerações (BUCHHEIT *et al.*, 2014). Embora um conhecimento de base em modelação de dados seja necessário, entende-se ser fundamental para os clubes utilizar de maneira otimizada as informações fornecidas por estes dispositivos, partindo para a análise comportamental a partir dos dados posicionais.

Os dados posicionais (posição ocupada pelo jogador em cada instante temporal durante o jogo) permitem a extração de variáveis coletivas e individuais. Como exemplo, destacam-se as variáveis de largura e profundidade

(FOLGADO *et al.*, 2012), a área coberta (FRENCKEN *et al.*, 2011) e o índice de exploração espacial (FIGUEIRA *et al.*, 2018), apresentados a seguir.

- Largura

Refere-se à distância, em metros, entre os dois jogadores mais lateralizados de uma mesma equipe em cada instante temporal. Como exemplo, maiores valores de largura, durante a organização ofensiva, tendem a indicar um adequado cumprimento do princípio tático fundamental de espaço sem bola.

Figura 57 - Largura, marcada distância entre os jogadores 2 e 6 da equipe branca neste instante temporal

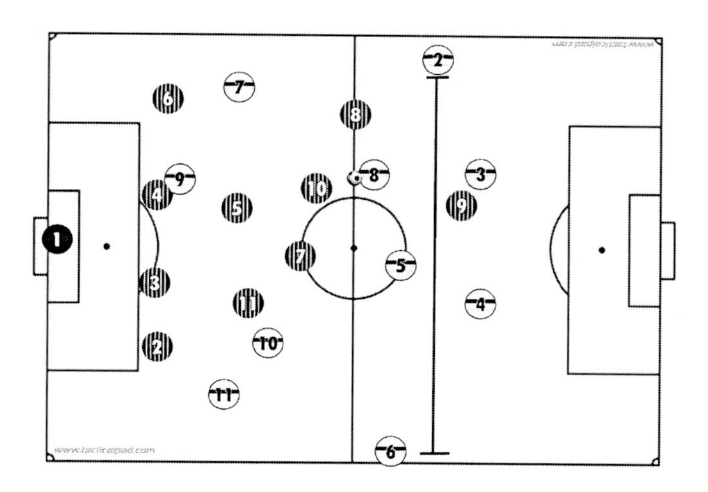

Fonte: os autores

- Profundidade

Refere-se à distância, em metros, entre o jogador mais próximo do gol a defender e o gol a atacar, de uma mesma equipe, em cada instante temporal. Como exemplo, maiores valores de profundidade durante a organização defensiva tendem a indicar uma dificuldade defensiva na redução do espaço efetivo de jogo, o que pode reduzir as chances de recuperação da posse de bola.

Figura 58 - Profundidade, demarcada pela distância entre os jogadores 4 e 9 do time preto

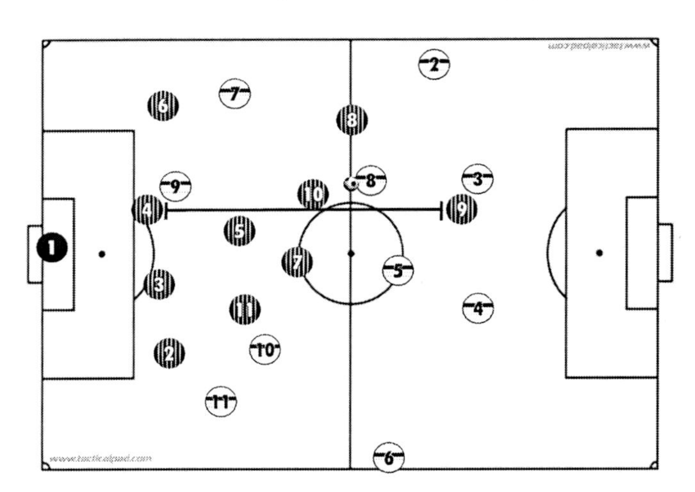

Fonte: os autores

- Centroide e distância entre os centroides

O centroide é definido com o ponto central de uma equipe em cada instante temporal. É calculado por meio da média dos dados posicionais de todos os jogadores. Sua posição, relativa ao campo, pode indicar, por exemplo, se a equipe se encontra mais deslocada posicionalmente para um dos lados do campo (o que, em organização defensiva, poderia indicar uma tendência para a recuperação da bola naquele setor, por exemplo).

Além da medida do centroide de cada equipe, outra variável importante para o entendimento das dinâmicas entre os jogadores durante o jogo é a distância entre os centroides. Considerando que as equipes em confronto apresentam um ponto médio específico em cada instante temporal, quanto maior a distância entre os centroides, maior o distanciamento posicional entre as equipes, o que poderia indicar um desequilíbrio posicional no confronto (uma equipe mais à direita e outra mais à esquerda, por exemplo).

Figura 59 - Centroide do time preto, demarcado pela letra C

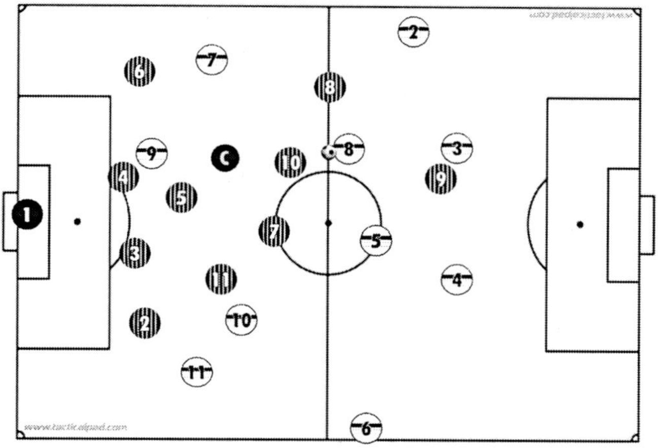

Fonte: os autores

- Índice de Exploração Espacial

Além do centroide coletivo (ponto médio da equipe), é possível extrair, a partir dos dados posicionais, o ponto médio de cada jogador em um intervalo temporal (um jogo completo, por exemplo). Além da informação proveniente dessa posição média já permitir compreender preferências posicionais do jogador (por exemplo, se um zagueiro possui posição média muito à frente do outro, pode haver um desequilíbrio na gestão da última linha), é possível extrair informações sobre o comportamento exploratório dos jogadores durante o jogo. Imagine que você possua dois volantes, um que jogue mais centralizado, fazendo a ligação entre zagueiros e demais jogadores da equipe, e raramente vá ao ataque (volante "posicional", conforme linguagem específica do futebol). O outro volante realiza frequentes chegadas ao ataque, embora também ajude na recomposição da última linha quando necessário (*box-to-box*, conforme linguagem específica do futebol). É possível que ambos, por serem volantes, tenham posicionamentos médios muito próximos – ambos no corredor central, e perto da linha média do campo. Porém sua dinâmica de jogo pode ser completamente diferente. Nesses casos, a variável que melhor diferencia sua dinâmica de jogo é o Índice de Exploração Espacial.

O Índice de Exploração Espacial mede o distanciamento médio do jogador em relação ao seu ponto médio em um dado intervalo de tempo. Se dois jogadores possuem o mesmo ponto médio, mas um faz mais frequentemente deslocamentos de uma área à outra, enquanto o outro fica mais próximo ao centro do campo, o primeiro apresentará maior valor nessa variável. Na prática, portanto, essa variável indica o quanto um jogador explora o campo de jogo durante suas movimentações.

Figura 60 - Índice de Exploração Espacial, representando os distanciamentos de dois volantes em relação à sua posição média durante o jogo

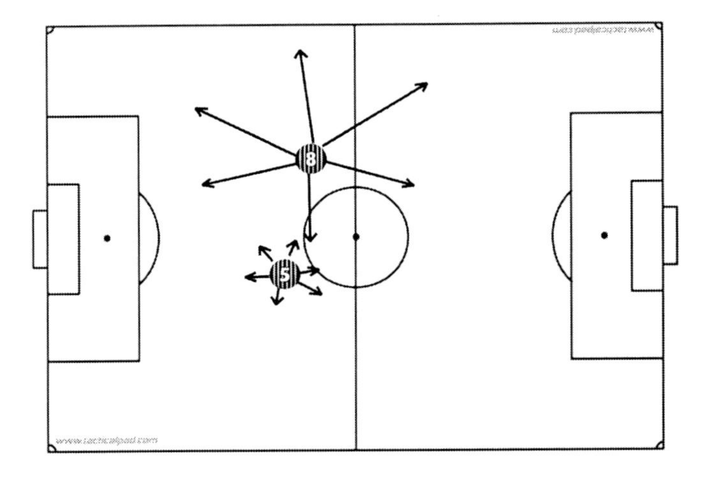

Fonte: os autores

- Área coberta

Por fim, a área coberta indica o polígono que inclui todos os jogadores da equipe em cada instante temporal. Quanto maior o polígono, maior a área sob efetiva responsabilidade da equipe. No ataque, caso se busque uma progressão apoiada no campo de jogo, espera-se a ampliação do espaço efetivo de jogo, o que, por consequência, levaria a um aumento no valor de área coberta. Por outro lado, em organização defensiva, um elevado valor de área coberta poderia, por exemplo, levar à dificuldade da equipe na gestão dos espaços, principalmente causado por um distanciamento entre as linhas de defesa.

Figura 61 - Área Coberta

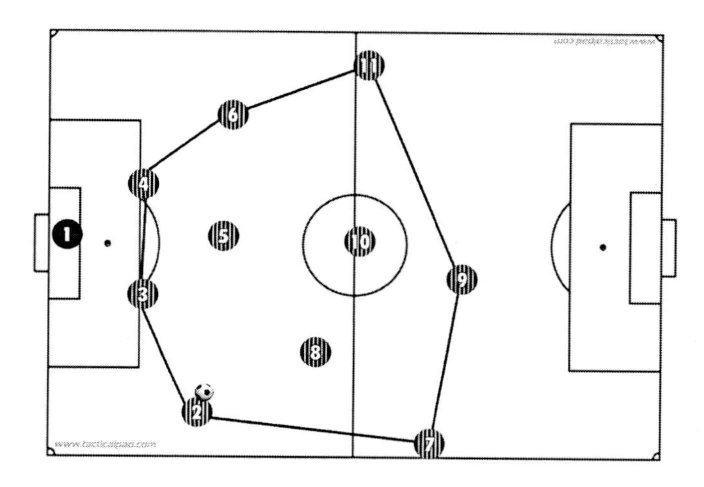

Fonte: os autores

6.4.3 Identificação de padrões de jogo: a análise sequencial

No jogo de futebol, observam-se padrões comportamentais que caracterizam o modelo de jogo da equipe. Os caminhos prioritários para progressão da bola, para a recuperação da bola, para a condução das ações nas transições, por exemplo, podem indicar quais as principais características de um time durante o jogo. Entretanto perceber tais padrões *in loco*, ao vivo, apresenta-se como uma tarefa potencialmente inalcançável, dado o caráter complexo que caracteriza as ações em um jogo. Assim, decodificar esses "padrões emergentes" no jogo representa uma importante tarefa para compreender as dinâmicas comportamentais e demanda uma avaliação a posteriori, por meio da observação e análise do jogo de futebol.

No futebol (e nos demais jogos esportivos coletivos), a investigação de padrões tem se amparado na lógica conceitual da Análise Sequencial de Retardos (BAKEMAN; QUERA, 2011), no âmbito da Metodologia Observacional (ARQILAGA *et al.*, 2000; SARMENTO *et al.*, 2013). A análise do comportamento dos jogadores nesse contexto se baseia no entendimento de condutas que se repetem, durante sequências de ações analisadas, para além do que se esperaria pelo simples acaso (isto é, são padrões característicos da equipe). Assim, é possível encontrar relações entre comportamentos em diferentes fases e momentos do jogo, e, por consequência, decodificar o jogar característico de cada equipe.

O primeiro passo para a condução de um processo de análise a partir dessa técnica é a definição de um instrumento observacional. Atualmente, a literatura dispõe de diversas possibilidades, com destaque para a proposta do *SoccerEye* (BARREIRA *et al.*, 2013, 2015), que permite uma ampla recolha de informações desde o início do processo ofensivo até sua conclusão (permitindo, assim, a investigação dos momentos de transição e organização ofensiva). Esse instrumento foi utilizado na literatura, por exemplo, para analisar o desenvolvimento do jogo de seleções ao longo das últimas copas do mundo (BARREIRA *et al.*, 2015), bem como investigar padrões de recuperação da bola em equipes de elite (BARREIRA *et al.*, 2014). Para conhecer mais sobre o instrumento, recomendamos consultar a literatura apontada na bibliografia (nomeadamente os trabalhos do professor Daniel Barreira presentes na lista de referências bibliográficas deste livro).

Após a definição do instrumento observacional, procede-se à quantificação das ações durante o jogo. Ressalta-se aqui uma fundamental diferença entre a análise conduzida à luz dessa proposta em relação às tradicionais abordagens para análise do jogo de futebol. Aqui, para a condução do processo de análise, as ações são caracterizadas de maneira sequencial, isto é, sua ordem é levada em consideração e será profundamente utilizada para a caracterização do comportamento dos jogadores. Portanto, mais do que quantificar comportamentos, busca-se compreender a lógica relacional entre eles. O processo de recolha das informações pode ser conduzido em diversas plataformas e softwares, destacando-se o software gratuito Lince (GABIN *et al.*, 2012), que permite a recolha de dados sequenciais e uma completa personalização do instrumento de observação (figura 62).

Figura 62 - Software Lince

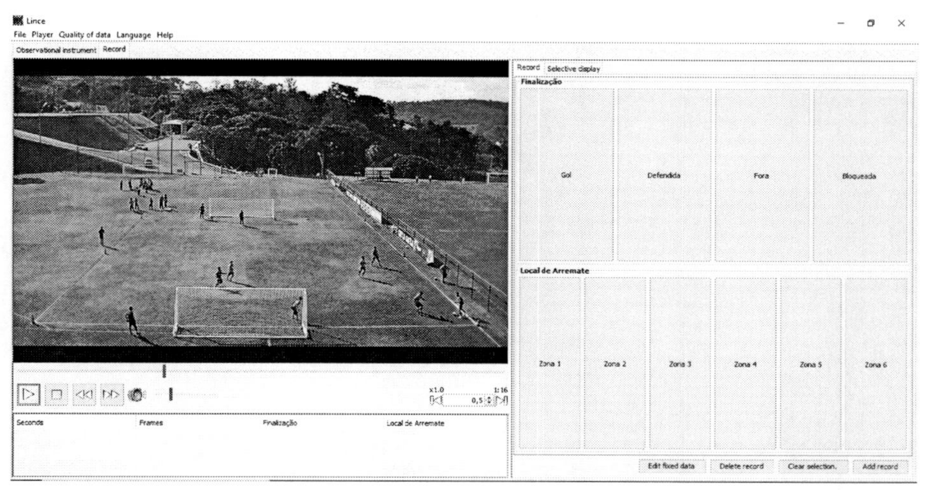

Fonte: os autores

Após o processo de recolha das informações, procede-se à análise dos dados sequenciais para a detecção dos possíveis padrões comportamentais. Para tal, o principal software utilizado atualmente é SDIS-GSEQ (BAKEMAN; QUERA, 2011; LAPRESA *et al.*, 2013), também gratuito, que facilmente permite decodificar matrizes de dados sequenciais, por meio de análises estatísticas, para identificação dos padrões. Após essa detecção, é possível montar representações gráficas dos padrões, as quais facilitam a compreensão visual dos dados estatísticos. Por exemplo, em um estudo envolvendo pequenos jogos, observou-se um padrão característico associado à obtenção de gols pelos jogadores (PRAÇA *et al.*, 2017c). Especificamente, observou-se um padrão ofensivo bem-sucedido caracterizado pela recuperação da bola por desarme na zona, seguido de um drible no setor 8 no sentido do setor 10, em que é realizado um passe curto positivo para o setor 11, local em que a finalização para obtenção do gol ocorre (representado na figura 63)

Figura 63 - Exemplo de padrão comportamental extraído de um pequeno jogo 3vs3

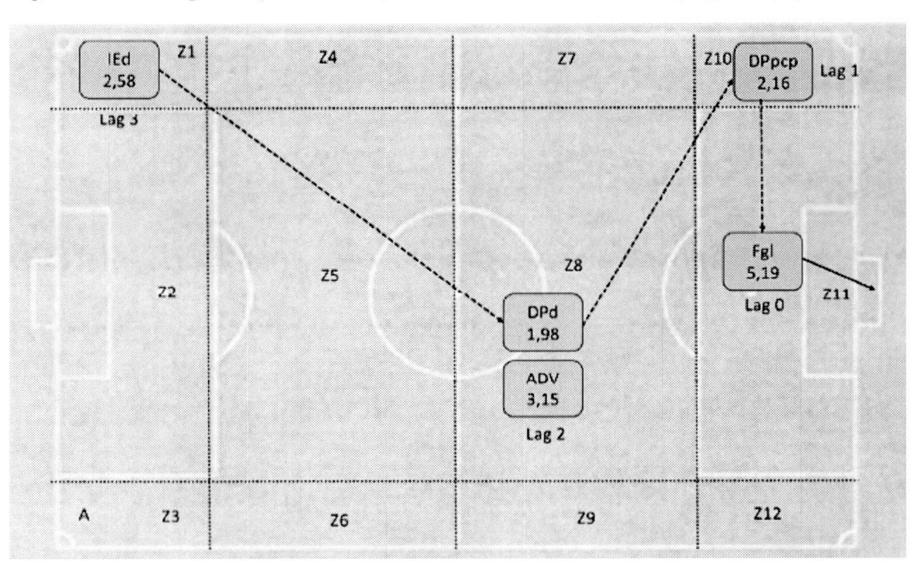

Fonte: Praça *et al.* (2017c)

PARTE 3

PRORROGAÇÃO – ORIENTAÇÕES PRÁTICAS PARA O TREINAMENTO TÁTICO NO FUTEBOL

CAPÍTULO 7

O PAPEL DOS PEQUENOS JOGOS NO TREINAMENTO TÁTICO

7.1 INTRODUÇÃO

Na parte inicial deste livro, você teve acesso ao modelo teórico que embasa a proposta de treinamento tático no futebol apresentada neste livro. Esse modelo teórico serviu como referência para, na segunda parte, apresentarmos a sistematização do processo de treino à luz do Modelo Pendular e do princípio da complexidade. Diante disso, chegamos à parte final do livro, na qual optamos por abordar, de maneira prática, os conceitos desenvolvidos ao longo do livro. Cabe-nos, contudo, ressaltar que a escolha do nome da última parte deste livro – "Prorrogação" – pretende transmitir a ideia de que neste momento o material proposto não se configura como um manual – conforme já disponível em outros trabalhos publicados. A ideia, ainda que por meio de contextos eminentemente práticos, é propor a reflexão para o treinamento – e não apresentar respostas prontas -, fomentando o pensamento crítico face a qualquer modelo preconcebido, não necessariamente aplicável às múltiplas realidades nas quais o treinamento tático é desenvolvido. Diante disso, sugerimos que os conteúdos apresentados nesta última parte sejam lidos à luz da teoria prática, numa perspectiva complementar. Para nós, o "jogo" está contido nas partes 1 e 2, e a prorrogação só fará sentido se o leitor permanecer no jogo até aqui.

Este livro, até o momento, traz à tona a necessidade do planejamento de tarefas de treino que caracterizem a demanda decisional do jogo formal. É apenas por meio da sistematização das exigências cognitivas que se pode pensar em treinamento tático no futebol. Nesse contexto, emerge na literatura a recorrente sugestão da utilização de pequenos jogos como meios de treinamento para a capacidade tática no futebol (PRAÇA *et al.*, 2017b). Diante disso, desenvolveram-se, nos últimos anos, diversos estudos investigando o comportamento dos jogadores em situações com variação no tamanho do campo (TEOLDO *et al.*, 2011b), presença de jogadores adicionais (PRAÇA *et al.*, 2017b) e número de jogadores (AGUIAR *et al.*, 2015), por exemplo, permitindo aos treinadores melhor ajuste dos conteúdos de treino às necessidades da equipe em cada etapa da preparação. No capítulo seguinte, serão apresentados estudos práticos envolvendo os pequenos jogos desenvolvidos ao longo dos últimos anos.

Inicialmente, antes de considerarmos o papel dos pequenos jogos no treinamento tático, propõe-se uma padronização acerca do termo utilizado. Se, em língua inglesa, o termo *small-sided game* (para se referir às estruturas gerais) bem como o termo *small-sided and conditioned game* (para se referir às tarefas específicas para alguns problemas táticos) apresentam-se bem estabelecidos (CLEMENTE, 2016); a literatura em português traz importantes divergências – a exemplo do uso dos termos "jogos reduzidos", "jogos condicionados", entre outros -, as quais dificultam a aplicação prática do conceito e limitam a comparação dos resultados de pesquisa. No presente trabalho, de forma a respeitar a tradução do termo *small-sided games* para língua portuguesa, e considerando o pioneirismo das investigações em língua inglesa em comparação às publicações em língua portuguesa, o presente aporte adotará o termo "pequenos jogos" para se referir às estruturas de treino com modificação no tamanho do campo, número de jogadores, alterações nas regras etc. Nesta obra, pequeno jogo é definido como qualquer meio de treinamento no futebol caracterizado pela relação cooperação-oposição, com lógica interna similar ao jogo formal (existência de regras, objetivos, espaço de jogo delimitado etc.), no qual se observe simultaneamente uma menor área de jogo e um menor número de jogadores em relação ao jogo oficial.

7.2 BREVE HISTÓRICO DA INVESTIGAÇÃO ACERCA DOS PEQUENOS JOGOS

Independentemente do nome, a utilização de tarefas de treino com menos atletas e menor espaço de campo remonta a um momento de ruptura na visão do ensino dos esportes, particularmente evidente na década de 80. Nesse momento, a publicação do trabalho intitulado *Os Grandes Jogos* (DIETRICH; DURRWACHTER; SCHALLER, 1984) traz à tona a possibilidade de ruptura com uma visão eminentemente analítica da preparação esportiva. A proposta, que foi embasada pelo "método global", sugere que o treinamento por meio do jogo é condição sine qua non para o alcance da especificidade do jogo. Logo, séries de jogos, com objetivos específicos, trariam, a longo prazo, melhores resultados em termos de aprendizagem do que a utilização de tarefas dissociadas do contexto de jogo – abundantemente utilizada até então. Nesse ponto, ressalta-se que o trabalho original, traduzido à época para língua portuguesa com o supracitado título *Os Grandes Jogos*, dá-nos importante informação a respeito do uso do termo "Pequenos Jogos" na atualidade.

Apesar de inovadora, a proposta original falhou em propor uma sistematização do processo de ensino e treino, criando problemas pedagógicos como a pouca participação periférica ativa e dificuldade no ajuste dos conteúdos de treino. Ainda, sua inovação trouxe à tona a necessidade de pensar-se o ensino dos esportes à luz do jogo, base do pensamento do *Teaching Games for Understanding* (BUNKER; THORPE, 1982), modelo de ensino dos esportes que inaugurou a perspectiva de centralidade da tática no processo de ensino de diferentes modalidades – incluindo o futebol. No TGFU, propõe-se um modelo de seis fases para o ensino de determinados conteúdos táticos. Nessas fases, apresenta-se latente a utilização de formas adaptadas do jogo – por exemplo, no tamanho do campo e no número de jogadores – em razão do favorecimento de determinados problemas táticos (BUNKER; THORPE, 1982). Essencialmente focadas no jogo, essas formas adaptadas permitem desenvolvimento cognitivo por meio da exploração das possíveis tomadas de decisão. Dado que, em geral, as formas de jogo adultas – isto é, o 11x11 no futebol – são demasiadamente complexas para praticantes nos anos iniciais, o modelo dá preferência a essas formas adaptadas como recurso pedagógico (GRAÇA; MESQUITA, 2013).

O TGFU ganha destaque nessa exposição na medida em que se configura como a primeira proposta efetivamente sistematizada para o ensino dos esportes baseada no uso de formatos de jogos menores – no tamanho do campo e no número de jogadores, por exemplo – do que o jogo formal. O modelo critica a utilização do jogo adulto, ou *full games* (apresentados na proposta de "Os Grandes Jogos"), originando publicações subsequentes.

Na literatura internacional, o primeiro artigo experimental, no melhor do nosso conhecimento, acerca da utilização dos *small-sided games* data de 2000 (HOARE; WARR, 2000). Nele, os autores utilizaram situações de 3x3 e 6x6 em um processo de identificação de talentos em um grupo jogadoras de futebol. Em materiais didáticos, o uso do termo está vinculado desde 1993 a livros na área da preparação física no futebol (BANGSBO, 1993). Em ambos os casos, as estruturas utilizadas caracterizam-se um por uma "miniatura" do jogo formal, isto é, o jogo com duas equipes em confronto, fases de ataque e defesa, gols dos dois lados e regras iguais às do jogo formal. No presente trabalho, de forma a criar uma definição o mais abrangente possível, entendemos o pequeno jogo como qualquer estrutura extraída do jogo formal na qual há redução no número de jogadores para ênfase em determinados problemas táticos.

O momento inicial dos estudos sobre pequenos jogos se caracteriza por uma elevada ênfase em aspectos físicos e fisiológicos do jogo. Amparados pelo desenvolvimento de dispositivos capazes de coletar os dados relativos à frequência cardíaca e às distâncias percorridas, autores buscaram investigar como modificações no tamanho do campo e no número de jogadores (principalmente, mas não exclusivamente) afetavam a resposta dos jogadores durante os pequenos jogos. Ressalta-se que o pano de fundo para essas investigações assentava-se na ideia do treino integrado, o qual se amparava na ideia de promover aprimoramento das capacidades físicas em ambiente de jogo (mas sem sistematização do aprimoramento das capacidades táticas e técnicas). Nesse cenário, a ideia era caracterizar a demanda de cada pequeno jogo, o qual seria utilizado com fins físicos e fisiológicos específicos nos atletas em razão da resposta esperada. Por exemplo, configurações com menos jogadores e menor espaço induziriam a uma maior intensidade de esforço, de forma que seriam recomendados para o desenvolvimento da potência aeróbica (CLEMENTE; MARTINS; MENDES, 2014; SARMENTO *et al.*, 2018). Contudo qual o impacto de realizar frequentemente pequenos jogos com poucos jogadores (2x2, por exemplo), em campos com pequena área, no aprimoramento de capacidades táticas? Qual a "demanda" tática de cada pequeno jogo? Essas eram questões latentes na primeira década dos anos 2000.

A partir do desenvolvimento de instrumentos e técnicas observacionais, possibilitou-se a condução de estudos científicos especificamente centrados no comportamento tático dos jogadores. Destaca-se, neste momento, a validação do Sistema de Avaliação Tática no Futebol – FUT-SAT– como, no melhor do nosso conhecimento, o primeiro instrumento observacional específico para o futebol que permitia mensurar o comportamento tático dos jogadores baseado nos princípios do jogo. A partir da sua divulgação, diversos estudos ampararam-se na análise dos princípios táticos fundamentais para compreender o impacto da modificação no tamanho do campo (TEOLDO *et al.*, 2011b), da alteração no número de jogadores (CASTELÃO *et al.*, 2014), da manipulação na presença de curingas (PADILHA *et al.*, 2017), entre outros. Tais resultados permitiram aos treinadores, similarmente ao que foi observado em relação à preparação física, um maior subsídio para a escolha das configurações de pequenos jogos que deveriam ser aplicadas em cada momento do processo de ensino-aprendizagem-treinamento, principalmente em consonância com as necessidades dos atletas e os objetivos de cada sessão de treinamento.

Recentemente, novas técnicas observacionais somaram-se à utilização do FUT-SAT e permitiram ampliar o conhecimento acerca do comportamento dos jogadores em diferentes configurações de pequenos jogos. Nesse cenário, destacam-se duas recentes abordagens: a análise posicional e a *Social Network Analysis,* as quais foram anteriormente apresentadas neste livro.

7.3 PEQUENOS JOGOS E TREINAMENTO TÁTICO

Conforme previamente apresentado, os anos iniciais de investigação sobre os pequenos jogos eram orientados pelo seu uso enquanto meio para aprimoramento das capacidades físicas dos atletas em um contexto de jogo. Nesse cenário, o ajuste das configurações dos pequenos jogos, especificamente para o treinamento tático, era feito de maneira pouco aprofundada. Em razão da possibilidade de investigação acerca do comportamento tático durante os pequenos jogos, diversas abordagens para o treinamento por meio de pequenos jogos ganharam destaque na literatura. Como exemplo, apresentamos, no capítulo 5, um exemplo para o treinamento de um princípio tático específico utilizando três diferentes estruturas de pequenos jogos (4vs4, 1+2vs1 e 7vs6).

A primeira questão inerente ao treinamento tático por meio de pequenos jogos reside na lógica da complexidade. Nesse contexto, conforme previamente apresentado neste livro, ressalta-se a importância, principalmente nos anos iniciais de especialização no futebol (categorias sub-13 ao sub-15), de que os atletas sejam submetidos a estruturas mais reduzidas (por exemplo, até o 4vs4). Trata-se de uma preocupação pedagógica em garantir que os atletas apresentem participação efetiva e tenham frequentes contatos com a bola, durante todos os momentos da sessão de treino, o que pode não se observar em grandes estruturas (a exemplo do jogo formal – coletivo – 11vs11). Não se trata, porém, de tornar exclusiva a prática de jogos com poucos jogadores nos anos iniciais e com muitos jogadores nos anos finais, mas sim o estabelecimento de ênfases durante o processo longitudinal de formação do atleta.

A segunda questão advém da necessidade de considerar o pequeno jogo um meio naturalmente incompleto (tal qual todos os demais meios de treinamento). Assim, diversos métodos e estratégias pedagógicas fazem-se necessários ao longo da preparação do atleta que vão além do pequeno jogo. Atividades posicionais em campo todo, jogos amistosos, jogos oficiais, palestras teórico-práticas, entre outros, complementam aquilo que potencialmente pode ser aprendido e treinado no pequeno jogo para permitir a integral formação tática do atleta. Assim, reforça-se a necessidade de entender o pequeno jogo como UMA alternativa, não como a ÚNICA, do ponto de vista do treinamento tático no futebol.

A terceira questão importante relaciona-se ao papel do treinador durante o pequeno jogo. Por vezes, discutem-se métodos e processos de treinamento tático como se não houvesse, durante as sessões de treinamento, profissionais altamente capacitados junto aos atletas para ajustar o contexto e potencializar as oportunidades de aprendizagem. Nesse contexto, não adianta propor meios coerentes, pedagogicamente adequados para os atletas e em linha com os princípios norteadores do clube, se, durante a realização das tarefas, todos os membros da comissão técnica não atuarem para favorecer a aprendizagem. Isso implica conhecer as necessidades individuais dos atletas (e atuar, durante o treino, para facilitar o aprimoramento do atleta naqueles conteúdos em que há maior dificuldade), trabalhar adequadamente o feedback e ajustar regras, condutas e os componentes da sessão de treinamento a partir das respostas dos atletas. Em resumo, o pequeno jogo, por si só, não caracteriza uma sessão de treinamento.

Na sequência, serão apresentados alguns exemplos de estudos que buscaram investigar possibilidades de manipulação dos pequenos jogos e diversos fenômenos que intervêm no comportamento tático dos jogadores. Ressalta-se, entretanto, que esses são apenas exemplos de estudos conduzidos nos pequenos jogos, não se tratando, portanto, de uma ampliada revisão sobre o tema, a qual já tem sido feita em abundância na literatura (SARMENTO *et al.*, 2018). Ainda, ressalta-se a quarta e última questão inerente ao treinamento tático com pequenos jogos: é necessário compreender que as múltiplas manipulações possíveis apresentam, potencialmente, interação entre si. Isso implica a necessidade de que a ciência avance na proposição de desenhos mais complexos para testar tais interações e na necessidade de treinadores e comissões técnicas terem precaução na adoção linear dos resultados aqui apresentados independentemente do contexto e das demais regras do pequeno jogo.

7.4 ESTUDOS APLICADOS COM PEQUENOS JOGOS

7.4.1 Influência do estatuto posicional

Frequentemente, treinadores e pesquisadores discutem a prescrição do pequeno jogo sob a perspectiva de esperar-se respostas dos atletas face às diferentes configurações do jogo. Contudo diversos estudos disponíveis na literatura apontam que, além das configurações externamente determinadas (como o tamanho do campo e o número de jogadores), as características individuais dos atletas também impactam o comportamento tático nos pequenos jogos. Tal resultado é particularmente sensível na medida em que o mesmo pequeno jogo pode traduzir-se em estímulos táticos diferentes para jogadores com diferentes características individuais, evidenciando a necessidade de uma sistematização mais individualizada (e orientada por uma sistemática avaliação da capacidade tática dos atletas) dos pequenos jogos.

Uma das características individuais que, de acordo com a literatura, impacta no comportamento tático dos jogadores, é o estatuto posicional. O estatuto posicional não se refere exclusivamente a uma atribuição posicional no campo de jogo feita pelo treinador (isto é, a designação do jogador como zagueiro, lateral ou atacante, por exemplo), mas sim a uma construção, ao longo de todo o processo de treinamento, de especificidades decisionais em razão da constante exposição a demandas posicionais específicas. Na prática, sugere-se que, para além de diferenças físicas, fisiológicas e antropométricas, as características específicas decisionais observadas em jogadores de diferentes posições, por exemplo, maior tendência ao drible de extremas em comparação a zagueiros, é produto da longa exposição desse atleta a situações seguras de 1vs1 no treino, nas quais ele foi permanentemente estimulado a progredir pelo drible (ao contrário dos zagueiros que são – infelizmente – quase exclusivamente estimulados a combater os dribles).

Como tais características específicas impactam no jogo oficial, era esperado que jogadores de diferentes posições apresentassem diferentes comportamentos também nos pequenos jogos. Apesar da característica geral do pequeno jogo 3vs3, principalmente quando praticado por atletas nos anos iniciais de especialização (sub-13, 14 e 15, por exemplo), estudos reportaram uma especificidade posicional dos jogadores durante sua prática. Como exemplo, meio-campistas foram os jogadores com mais centralidade no jogo 3vs3 praticado por atletas sub-17 (PRAÇA *et al.*, 2017b). Na prática, isso implica que, num mesmo jogo, alguns atletas irão sistematicamente participar mais do processo ofensivo, ter mais contatos com a bola e, consequentemente, desenvolver mais os princípios táticos relacionados ao centro de jogo do que outros. Assim, cabe ao treinador fornecer estímulos também aos outros atletas, seja criando regras específicas, seja manipulando a composição das equipes durante os pequenos jogos, para permitir um ampliado desenvolvimento do conhecimento tático, nomeadamente nos anos iniciais de especialização.

7.4.2 Influência do critério de composição das equipes

A literatura científica apresenta diversas alternativas para a composição das equipes durante uma sessão de treinamento com pequenos jogos. Observam-se estudos os quais se ampararam em critérios sem uma finalidade tática específica (como alocação aleatória dos jogadores, ou alocação em função do desempenho em algum teste físico), ou então aqueles que organizaram as equipes em razão do estatuto posicional dos jogadores e do nível de conhecimento tático, variáveis com maior potencial para influência no comportamento dos jogadores.

O primeiro estudo conduzido acerca da influência do critério de composição das equipes no comportamento dos jogadores comparou o desempenho tático no jogo 3vs3 em PJ com equipes equilibradas do ponto de vista: a) do desempenho de velocidade dos jogadores; b) do desempenho aeróbico dos jogadores; e c) do conhecimento tático dos jogadores (PRAÇA *et al.*, 2017d). Nesse estudo, os autores observaram que, quando os confrontos são balanceados em função do conhecimento tático (isto é, atletas jogam com/contra colegas com nível semelhante de conhecimento tático), há um aumento no desempenho geral. Isso significa que mesmo aqueles atletas com menor nível de desempenho tático são beneficiados pelo fato de jogarem com colegas de equipe e adversários de um nível similar. Em uma linguagem prática, é como se os jogadores de níveis táticos semelhantes estivessem na mesma "frequência", isto é, enxergam o jogo de maneira similar e, por isso, conseguem tomar melhores decisões. Assim, para facilitar a ação decisional dos atletas durante a sessão de treinamento, é fundamental levar em conta o nível de conhecimento tático dos atletas durante a composição das equipes.

A influência do estatuto posicional do desempenho físico de jogadores de futebol foi investigada tanto em jogos formais (BUSH *et al.*, 2015) quanto em pequenos jogos (PRAÇA *et al.*, 2017a). No entanto, no supracitado estudo, todas equipes foram compostas uniformemente por um defensor, um meio-campista e um atacante, no intuito de padronizar o efeito do estatuto posicional no comportamento dos jogadores. Assim, o mesmo grupo de autores conduziu um segundo estudo no qual foi manipulado exatamente o estatuto posicional dos colegas de equipe durante a realização dos pequenos jogos (SILVA *et al.*, 2018b). Nesse estudo, os autores propuseram pequenos jogos, sempre contra um mesmo adversário, em que as equipes eram compostas de maneira equilibrada em relação ao estatuto posicional (um defensor, um meio-campista e um atacante por equipe), ou com atletas de apenas uma posição (três defensores, ou três meio-campistas, ou três atacantes). Os principais resultados evidenciaram que não há diferenças nas ações técnico-táticas realizadas pelos jogadores nas duas configurações. A principal explicação para esse resultado é a característica geral do jogo 3vs3, principalmente em atletas no início do processo de preparação (os atletas desse estudo eram sub-15). Nele, jogadores são estimulados a vivenciar situações táticas gerais, independente do estatuto posicional em alguma medida, o que induz à redução na influência do estatuto posicional no comportamento dos jogadores. De maneira prática, esse resultado reforça a importância do jogo 3vs3 na iniciação ao futebol, dada sua capacidade de promover estímulos gerais, menos específicos, em comparação a meios mais próximos do jogo formal.

7.4.3 Influência do conhecimento tático

Em um outro trabalho, buscou-se verificar se o nível de conhecimento tático dos atletas interfere em seu comportamento durante a prática de pequenos jogos (PRAÇA *et al.*, 2016a). Os autores compuseram dois diferentes grupos de atletas, um com maior e outro com menor nível de conhecimento tático, baseado no desempenho no Teste de Conhecimento Tático Processual: Orientação Esportiva (GRECO *et al.*, 2015b). Além de diferenças na característica da ação tática, medida pela incidência dos princípios táticos fundamentais por meio do FUT-SAT, o principal resultado desse trabalho foi o maior valor de cooperação (medido por meio da *Social Network Analysis*) em atletas com maior conhecimento tático em comparação àqueles com menor conhecimento. Isso implica assumir que atletas mais inteligentes são mais capazes de adotar padrões coletivos de jogo, em detrimento do jogo individualizado. Na prática, treinadores buscam, por diversas vezes, o desenvolvimento de norteadores coletivos para o jogar pretendido e, apesar da clareza conceitual e metodológica do modelo de jogo adotado, observam dificuldades nos atletas para execução no momento do jogo. Uma potencial explicação para esse fenômeno, possível a partir dos resultados desse estudo, é a ausência de um conhecimento tático de base, que permita aos atletas melhor execução das tomadas de decisão durante o jogo. O caminho? Estimular o desenvolvimento do conhecimento tático. Como? Recomendamos a proposta apresentada na Parte 2 deste livro.

7.4.4 Influência da superioridade numérica e dos jogadores de suporte na lateral

Treinadores adotam frequentemente situações de inequidade numérica entre as equipes para enfatizar princípios específicos e fundamentais, tanto no ataque, quanto na defesa. Nesse cenário, conduziu-se uma investigação centrada na avaliação do comportamento posicional dos jogadores (obtido de maneira automática, por equipamentos de GPS), em três diferentes configurações de pequenos jogos comumente adotadas na prática: em igualdade numérica (situação controle), 3vs3+2 (situação com dois apoios laterais – paredes- nas laterais do campo de jogo, figura 64) e 4vs3 (situação de superioridade numérica, figura 65). Além de se reportarem diferenças na exigência física entre os protocolos (PRAÇA; CUSTÓDIO; GRECO, 2015), os autores reportaram que o jogo em superioridade numérica aumentou o deslocamento em profundidade dos jogadores, principalmente pela facilidade de progressão ao ataque e a necessidade da defesa em fechar os centro do campo de jogo em razão da situação de inferioridade numérica. Em contrapartida, a presença dos jogadores de apoio na lateral aumentou o deslocamento em largura dos jogadores, o que implica aumentar a incidência de princípios de espaço e equilíbrio (PRAÇA *et al.*, 2016b). Além disso, o jogo em superioridade numérica apresentou os maiores valores de cooperação entre os jogadores, provavelmente face à necessidade dos atacantes em circular a bola para superar a defesa, a qual tende a marcar em bloco baixo em situação de inferioridade numérica (PRAÇA *et al.*, 2017b).

Figura 64 - Jogo 3v3 com dois apoios laterais

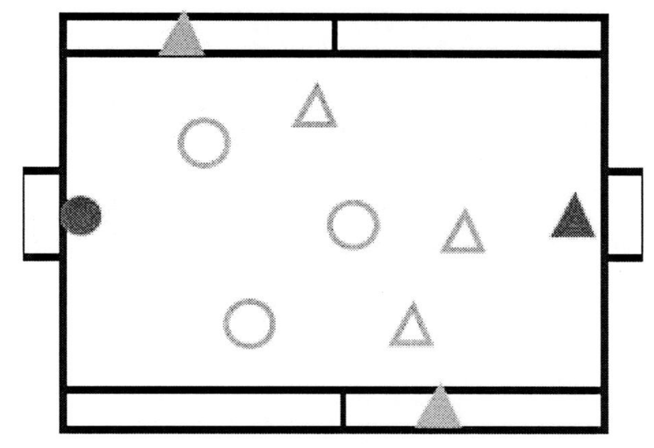

Fonte: os autores

Figura 65 - Jogo 4v3

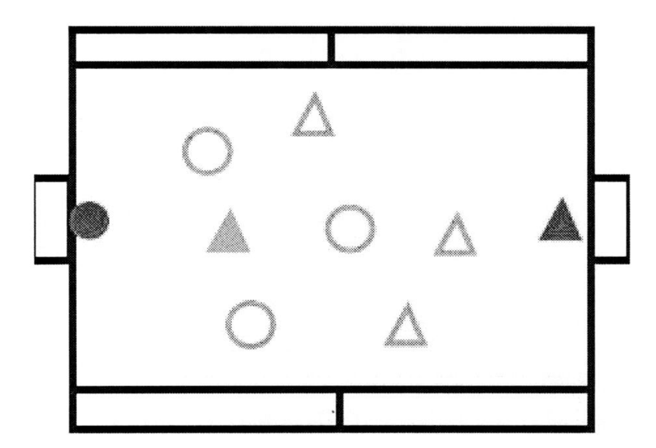

Fonte: os autores

7.4.5 Influência do tamanho do campo

A manipulação no tamanho do campo apresenta-se comum no dia a dia de treinadores e foi objeto de diferentes estudos acadêmicos. Nesse ponto, a gestão do espaço do campo poderá se apresentar de diferentes formas na medida em que o campo apresenta proporções ou medidas absolutas diferentes em largura ou profundidade. Por exemplo, observa-se na literatura que os jogadores adotam posicionamentos em largura ou em profundidade em razão das proporções observadas no campo de jogo (FRENCKEN *et al.*, 2011) variável que pode ser manipulada por treinadores para enfatizar determinados princípios táticos (fundamentais e específicos), durante o treinamento com pequenos jogos.

Na literatura, verificam-se duas alternativas para modificação no tamanho do campo. Por um lado, pode-se modificar a área absoluta (aumento em largura e profundidade, por exemplo). Por outro, é possível, por meio da mudança no número de jogadores, alterar a área por jogador (expressa em metros quadrados). Ambas situações já foram investigadas em estudos aplicados e apresentaram diferenças no comportamento dos jogadores (FRADUA *et al.*, 2013; SILVA *et al.*, 2014). Esses estudos, todavia, centraram-se em aspectos físicos e fisiológicos do jogo, além de normalmente investigarem apenas uma categoria.

No intuito de preencher essa lacuna, foi conduzido um estudo com pequenos jogos em dois diferentes escalões de formação (sub-13 e sub-14). Para o estudo, foram utilizados três protocolos diferentes: A) 3vs. 3 com tamanho absoluto de 36x27 metros e área relativa de 162m²; B) 3vs. 3+1 com tamanho absoluto de 36x27 metros e área relativa de 139m²; C) 3vs. 3+1 com tamanho absoluto de 40x29 metros e área relativa de, aproximadamente, 162m². Os três protocolos foram realizados por jogadores sub-13 e sub-14.

Em relação às diferentes categorias (sub-13 e sub-14), observou-se que a categoria sub-14 executou mais ações no ataque em apoio ao portador da bola (cobertura ofensiva), oferecendo suporte com linhas de passes próximas do portador da bola para manutenção da posse de bola e progressão em segurança à meta adversária. Na defesa, os atletas mais velhos executaram mais ações em apoio ao marcador do portador da bola (cobertura defensiva), importantes do ponto de vista da organização defensiva no intuito de direcionar o ataque e favorecer a recuperação da posse de bola. Os resultados indicam, de maneira geral, que atletas mais velhos foram mais eficientes na gestão do espaço de jogo.

No que diz respeito às variações do tamanho do campo no presente estudo, verificou-se que a redução do tamanho absoluto levou à aproximação dos jogadores no ataque e na defesa. A criação desses cenários contribuirá para o desenvolvimento de ações táticas ofensivas: de grupo (tabelas e cruzamentos), individuais (oferecimento de linhas de passes e passes) e ações específicas do modelo de jogo da equipe, como retirar a bola da zona de pressão no momento da transição defesa-ofensiva. Além disso, para a defesa, ações de desarme, intercepções de linhas de passes e ações direcionadas ao modelo de jogo da equipe, como exercer pressão na bola e nos adversários nas transições ataque-defensa, também podem ser potencializadas nesta manipulação. Ao contrário, para favorecer o jogo em circulação e melhorar a gestão das regiões longe do centro de jogo para a equipe em defesa, recomenda-se o aumento absoluto no tamanho do campo.

7.4.6 Influência da presença de curingas

Diferentemente dos jogadores em ataque que marcam gols (apresentados no item "superioridade numérica"), apresenta-se também comum, nos contextos de treinamento tático no futebol, a utilização de jogadores adicionais com limitação de ações (normalmente, não autorizados a marcar gols). Aos jogadores na defesa cabe, nessas situações, entender as peculiaridades do comportamento dos atacantes nas diferentes situações regulamentares e, a partir disso, adaptar seu comportamento. Por exemplo, em situações claras de superioridade numérica (4x3), cabe à defesa estabelecer padrões de coordenação interpessoal que se assemelham a conceitos zonais de marcação na medida em que a marcação por meio de encaixes individuais deixaria, sempre, um atacante livre para fazer o gol. Por outro lado, em uma situação na qual o curinga não pode fazer gol, a defesa pode basear suas ações em encaixes individuais desde que opte por não pressionar o curinga (já que esse não pode fazer gols).

Para investigar a influência da característica do curinga no comportamento dos jogadores, conduziu-se um estudo no qual foram utilizados três protocolos de pequenos jogos: igualdade numérica (3vs.3), um curinga para ambas as equipes (3vs.3+1a – figura 66) e um curinga para cada equipe (3vs.3+1b – figura 67). Os resultados apontam maior incidência de cobertura ofensiva na categoria sub-14 e penetração na categoria sub-13. Observam-se ainda mais ações de espaço com bola na categoria sub-14 no protocolo 3vs.3 em relação ao 3vs.3+1a, e maior desempenho tático na categoria sub-13 no protocolo 3vs.3+1b. No que concerne aos protocolos, a presença do curinga aumentou a incidência de cobertura ofensiva em ambas as categorias. Ainda, verificou-se aumento na incidência de espaço sem bola e equilíbrio defensivo, no protocolo

3vs.3+1b quando comparado com os demais. Conclui-se que a categoria sub-14 apresenta melhor apoio ao portador da bola enquanto o sub-13 apresenta comportamento tático característico do modelo rudimentar. Além disso, a introdução do curinga encoraja mais ações de apoio ao portador da bola independentemente da categoria. Por fim, o protocolo 3vs.3+1b oportuniza mais ações de profundidade e largura, além de equilíbrio e superioridade numérica defensiva nas zonas laterais ao centro de jogo.

Figura 66 - Jogo 3v3 com curinga compartilhado entre as equipes (3vs.3+1a)

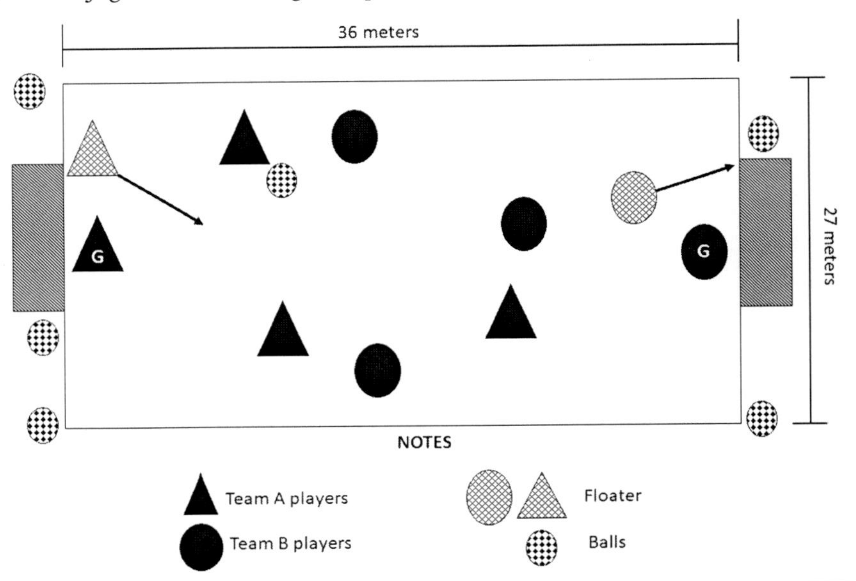

Fonte: os autores

Figura 67 - Jogo 3v3 com um curinga por equipe (3vs.3+1b)

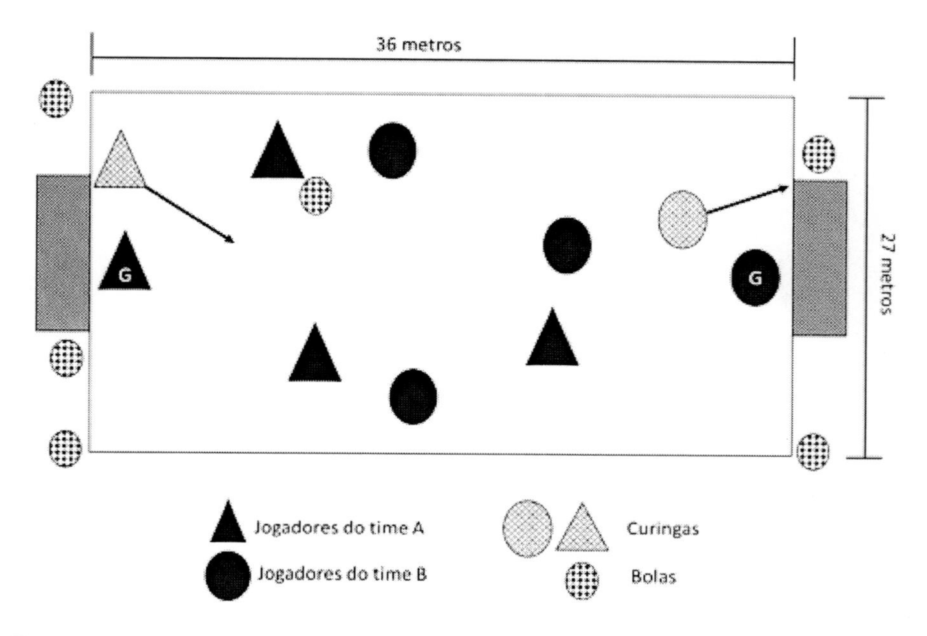

Fonte: os autores

A partir dos achados do estudo, sugerem-se aplicações práticas para cada um dos resultados. Treinadores e comissões técnicas devem utilizar os protocolos com curinga (3vs.3+1a e b) quando houver intenção de propensão de ações de apoio ao portador da bola com aberturas de linhas de passe mais próximas ao centro de jogo (cobertura defensiva). Nesse caso, recomenda-se também o ajuste da expectativa do aparecimento deste princípio em função da categoria, uma vez que escalões superiores apresentam maior incidência deste princípio. O protocolo 3vs.3+1b revelou-se uma opção para treinadores e comissões técnicas exercitarem ações que visem à estabilidade ou à superioridade numérica nas relações de oposição, isto é, equilíbrio defensivo. Por fim, esse estudo apontou a necessidade de treinadores e comissões técnicas ajustarem o objetivo das sessões de treinamento em função do tempo de prática sistematizado dos atletas. A categoria sub-13, por exemplo, apresenta maior incidência de ações de condução da bola e verticalização do jogo, enquanto a categoria sub-14 procura melhor utilização do espaço de jogo efetivo em profundidade e largura. Assim, a título de exemplo, a categoria sub-13 deveria ser encorajada a realizar mais ações de cobertura ofensiva, o que pode ser obtido com a introdução do curinga em qualquer um dos protocolos propostos.

7.4.7 Comportamento tático ao longo das séries

Durante uma mesma sessão de treinamento, treinadores frequentemente observam mudanças comportamentais nos jogadores. Tais mudanças podem relacionar-se tanto com uma maior ativação cognitiva/motora, quanto em relação a um comportamento adaptativo face às situações-problema observadas no jogo. Nesse cenário, buscou-se investigar se, em uma mesma configuração de pequenos jogos, em um mesmo dia, o comportamento dos atletas apresenta alterações em relação à qualidade da tomada de decisão.

Para essa investigação, atletas sub-13 e sub-14 realizaram, após atividade preparatória, quatro séries de pequenos jogos, no formato 3v3, com quatro minutos de duração e quatro minutos de pausa passiva. Nenhuma orientação tática foi dada ao longo das séries, o que poderia diretamente afetar o comportamento dos atletas. Os resultados evidenciaram duas questões importantes para o treinamento com pequenos jogos. Ainda que não fosse o objetivo central do estudo, observou-se que os atletas apresentaram, desde o início da sessão, maior percentual de acerto dos princípios táticos fundamentais ofensivos do que defensivos, o que está em consonância com a literatura e indica, pelo menos no futebol brasileiro, uma prevalência na ênfase do ensino de conceitos táticos de ataque em detrimento da defesa. Além disso, e mais diretamente relacionado ao objetivo deste estudo, verificou-se que o desempenho tático defensivo aumentou ao longo da sessão, indicando adaptação dos jogadores às situações-problema enfrentadas durante o pequeno jogo.

De maneira geral, a principal implicação desse resultado para os treinadores tem a ver com a necessidade de constantemente perceber as respostas dos atletas aos diferentes pequenos jogos. Não se trata de propor uma determinada configuração e passivamente esperar a aprendizagem tática, mas sim de compreender que o desempenho tático é dinâmico, inclusive intrassessão, devendo, portanto, ser constantemente monitorado para permitir o ajuste dos conteúdos de treino às necessidades dos atletas. Como exemplo, se observada uma elevada taxa de acerto dos praticantes após um dado momento da sessão, sugere-se uma modificação na complexidade da tarefa (por exemplo, incluindo variações tático-coordenativas ou tático-técnicas) para manter a atividade em um nível adequado de exigência decisional.

7.4.8 Influência do resultado momentâneo do jogo

Outro fator que tende a impactar o comportamento tático dos jogadores em uma mesma configuração de pequeno jogo é o resultado momentâneo da partida. Em jogos oficiais, a influência dessa variável situacional é bem documentada, incluindo modificações, por exemplo, na rede de interações estabelecidas pelos jogadores (PRAÇA *et al.*, 2017b). Contudo, em situações de treino, essa variável ainda foi pouco investigada.

Ainda que o resultado momentâneo tenha um impacto menor no comportamento dos jogadores em situações de treino em comparação ao jogo (contexto no qual o resultado traz efetivas implicações financeiras e profissionais para os jogadores), é comum observarmos comportamentos nos jogadores associados à busca pela vitória em tarefas de treino. Para investigar esse fenômeno, atletas sub-17 foram submetidos a pequenos jogos, na configuração 3v3, instruídos a tentarem vencer o confronto contra a equipe adversária (por meio, é claro, da marcação de mais gols do que os adversários). Os confrontos foram analisados em relação ao número de variações da posse de bola entre os corredores (direito, esquerdo e central) e entre as metades do campo (ofensiva e defensiva). Os resultados indicaram que equipes em situação de derrota apresentaram valores significativamente superiores (em comparação às situações de vitória) ao número de variação de corredores e de profundidade, indicando a necessidade dessa equipe de circular a bola para encontrar as melhores oportunidades de finalização. Em contrapartida, as equipes em situação de vitória circularam menos a bola, indicando tanto uma menor posse de bola efetiva, quanto a busca pelo alcance rápido do gol adversário. Ressalta-se que esses padrões são bastante similares aos reportados na literatura para o jogo formal (PRAÇA *et al.*, 2019), o que indica uma similaridade contextual entre os jogos oficiais e os pequenos jogos.

De posse dessa informação, treinadores podem manipular, durante a situação de treino, o resultado momentâneo da partida para estimular comportamentos específicos dos atletas. Especificamente, recomenda-se que aqueles atletas responsáveis por uma maior circulação da bola durante o jogo (meio-campistas, por exemplo) sejam sistematicamente submetidos a situações de desvantagem no placar, as quais demandarão a necessidade de aumento na circulação da bola, comportamento esperado por estes jogadores no jogo formal.

7.4.9 Influência da limitação no número de toques na bola

A utilização da limitação de toques na bola, durante sessões de treinamento no futebol, é bastante tradicional, comum em diferentes contextos da prática. Porém tão comum quanto seu uso, é a diversidade de justificativas para a adoção dessa regra. Treinadores apontam a necessidade dessa regra quando se quer melhorar a dinâmica da troca de passes, aumentar a participação efetiva de mais jogadores e até melhorar a "velocidade" na tomada de decisão. Apesar disso, pouco se investigou na literatura sobre o real impacto dessa regra no comportamento tático dos jogadores.

Nesse sentido, conduziu-se um estudo centrado na avaliação dos princípios táticos fundamentais, tanto em relação à incidência, quanto em relação à qualidade na execução dos princípios, e nas propriedades macro da rede de interações, durante a prática de dois diferentes pequenos jogos: sem limite de toques e com a regra de dois toques na bola por posse. Ambos os jogos foram realizados em um campo de 36x27m, na estrutura 3vs3, com atletas sub-15.

Do ponto de vista ofensivo, o jogo com limitação de toques na bola aumentou a incidência de ações táticas em largura, além de aumentar as interações estabelecidas entre os jogadores. No entanto, e talvez de maneira mais surpreendente, os atletas apresentaram melhor desempenho tático defensivo no jogo com limitação no número de toques na bola. A principal justificativa para esse fato assenta-se no constrangimento ao qual o ataque é submetido durante o jogo com limite de toques. Nesse, face ao menor número de opções dos atacantes, a ação dos defensores torna-se menos complexas, com menos desdobramentos possíveis, o que aumenta a incidência de ações defensivas positivas.

Há duas claras implicações desse trabalho para o treinamento com pequenos jogos. Primeiramente, na perspectiva do ataque, a inclusão da regra de limite de toques por posse, de fato, aumenta a interação entre os jogadores e pode permitir aos atacantes desenvolver comportamentos relacionados ao jogo apoiado, conforme já esperado pelos treinadores. Por outro lado, e sob a ótica da complexidade da tarefa, a limitação no número de toques na bola apresenta-se como alternativa para facilitar a ação defensiva, principalmente nos momentos de vivência inicial de princípios táticos específicos, de forma a permitir adequado nível de dificuldade para os jogadores.

7.4.10 Comportamento tático ao longo de uma temporada esportiva

Por fim, apresentamos aqui resultados de um estudo longitudinal realizado utilizando o pequeno jogo como meio para testar o desenvolvimento da componente tática em jovens jogadores de futebol. Conforme previamente apresentado, diversos protocolos de avaliação dos atletas (entre eles o FUT-SAT) amparam-se no pequeno jogo para a padronização dos testes de campo, dada sua similaridade em relação ao jogo formal e especificidade em relação à vivência dos princípios táticos. E foi justamente a partir das variáveis do FUT-SAT que monitoramos o comportamento e o desempenho tático ao longo de toda uma temporada esportiva em atletas sub-14 e sub-15 (PRAÇA *et al.*, 2017e).

Durante o período, os atletas realizaram mensalmente avaliações com o teste de campo do FUT-SAT, totalizando nove medidas anuais (não foram avaliados os meses de janeiro, fevereiro e julho, em função das férias dos atletas). A figura 68 apresenta um resumo de uma das variáveis medidas (desempenho defensivo)[10].

Figura 68 - Desempenho defensivo de atletas sub-14 e sub-15 ao longo de uma temporada esportiva

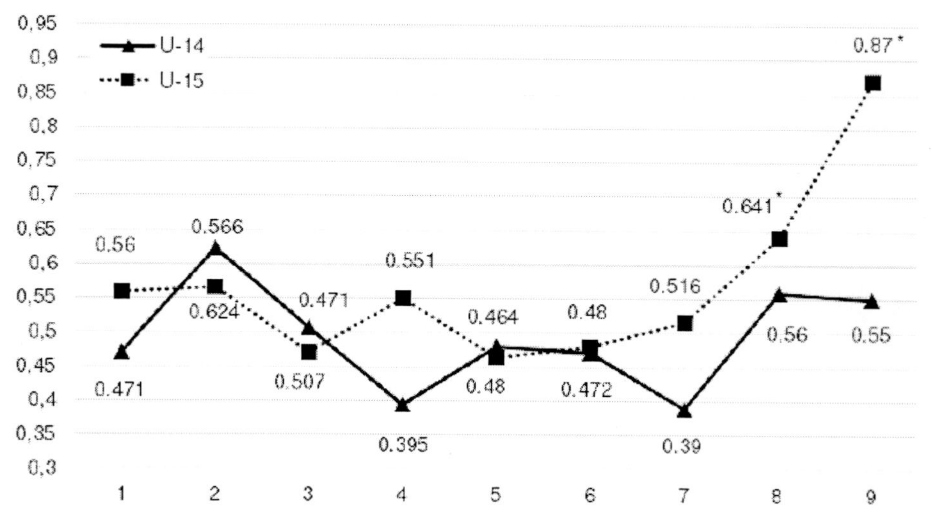

Fonte: Praça *et al.* (2017e)

[10] Para maiores detalhes, consultar Praça *et al.* (2017e).

A figura 68, bem como os demais resultados deste trabalho, indica três questões importantes para o treinamento tático com pequenos jogos no futebol. A primeira questão tem a ver com a não linearidade no aprimoramento das capacidades táticas. Isso implica dizer que é absolutamente comum que os atletas apresentem, em determinados períodos, quedas no desempenho, seja por mudanças na carga de treinamento, aspectos maturacionais, adaptação com o modelo de jogo, questões particulares, entre outros. Cabe ao treinador, nesse contexto, entender a necessidade de respeitar o tempo de desenvolvimento individual de cada atleta.

A segunda questão importante surge da comparação entre as categorias investigadas. É latente a compreensão de que, mesmo em categorias próximas (sub-14 e sub-15), os atletas desenvolvem-se de maneiras distintas. Seja pela própria especificidade do trabalho da comissão técnica, seja por questões maturacionais, é fundamental adequar o processo de treinamento tático (incluindo o uso dos pequenos jogos) à necessidade atual dos atletas. Não é viável pensar em um "modelo" independentemente das categorias. Em resumo, não há "fórmula mágica" para o uso dos pequenos jogos!

A terceira e última questão, que tangencia o trabalho, é a necessidade de constantemente avaliar os atletas (conforme anteriormente apresentado neste livro). Se, em um mesmo pequeno jogo (3vs3, mesmas regras, mesmo tamanho do campo), tantas diferenças são observadas no comportamento e no desempenho tático dos atletas, o trabalho da comissão técnica na planificação dos conteúdos de treino é bastante dificultado se não há um sistemático registro do nível atual de desempenho do atleta. Assim, novos conteúdos poderiam ser propostos em momentos de queda do desempenho tático, o que dificultaria ainda mais o aprendizado; ou poderiam ser perdidas oportunidades de aumento da complexidade em grupos com um processo de aprendizagem mais acelerado. Portanto, avaliar sistematicamente os atletas é um dos passos fundamentais para a utilização adequada dos pequenos jogos durante o treinamento tático no futebol.

CAPÍTULO 8

ATIVIDADES PRÁTICAS PARA O TREINAMENTO TÁTICO NO FUTEBOL

Nos capítulos anteriores deste livro, você teve acesso à matriz teórica que orienta a proposta dos autores para o processo de treinamento da capacidade tática no futebol. Diante do exposto, é possível entender o papel do Modelo Pendular na planificação da sessão e a perspectiva pedagógica da complexidade para o planejamento longitudinal do processo de treino.

Nesse contexto, este último capítulo é dedicado à apresentação de um compêndio de atividades destinado a exemplificar os conceitos inerentes ao treinamento tático apresentados ao longo do livro. Ressalta-se, contudo, que a ideia não é criar um manual de atividades, como os que estão abundantemente disponíveis na literatura, mas sim conferir ideias para aproximação do conteúdo de treino às exigências do futebol. Nesse ponto, adaptações face aos níveis de rendimento (atual e esperado) de cada equipe, realidades locais e características individuais dos atletas certamente far-se-ão necessárias.

As atividades aqui apresentadas referem-se ao momento inicial de treinamento formal no futebol (que, no Brasil, ocorre por volta dos 13 anos de idade). As progressões sugeridas em complexidade devem permitir elevar a exigência cognitiva da tarefa, mantendo, conforme discutido no capítulo 5, o nível de dificuldade relativo à faixa etária. Ainda, as atividades foram planejadas sob a ótica da percepção dos sinais relevantes em determinadas situações-problema no futebol (capítulo 4), característica do eixo central do Modelo Pendular. As variações propostas apresentam-se como ideias para a incorporação das variações tático-coordenativas e tático-técnicas às tarefas.

Por fim, as atividades aqui apresentadas serão orientadas para o treinamento dos Princípios Táticos Fundamentais. Entendendo o aspecto nuclear desse conteúdo no treinamento tático no futebol, optamos por enfatizar princípios de ataque e defesa que serão universais aos modelos de jogo idealizados e operacionalizados por treinadores de diferentes equipes.

ATIVIDADE 01

Nome: 1x1+1 Passe para trás

Princípio Tático norteador (ataque): Penetração

Princípio Tático norteador (defesa): Contenção

Princípios Táticos secundários (ataque): Cobertura Ofensiva

Princípios Táticos secundários (defesa): -

Descrição: o jogo acontece na estrutura funcional 1x1+1 em um campo de 20x10. Os dois jogadores no ataque devem progredir e marcar o gol (o curinga não pode marcar o gol, apenas dar suporte), enquanto o jogador de defesa tenta impedir a progressão, recuperar a bola e impedir a finalização. Os jogadores do ataque são autorizados a progredir apenas via condução da bola, não sendo autorizados passes para frente.

Variação tático-coordenativa: solicitar ao goleiro que indique com os dedos números que devem ser verbalizados, durante o jogo, pelos atletas no ataque.

Variação tático técnica: o passe para frente pode ser realizado apenas em elevação.

Progressão em complexidade: incluir mais um jogador da defesa realizando retorno defensivo após o início da ação do ataque; limitar a progressão com penetração apenas nos corredores laterais.

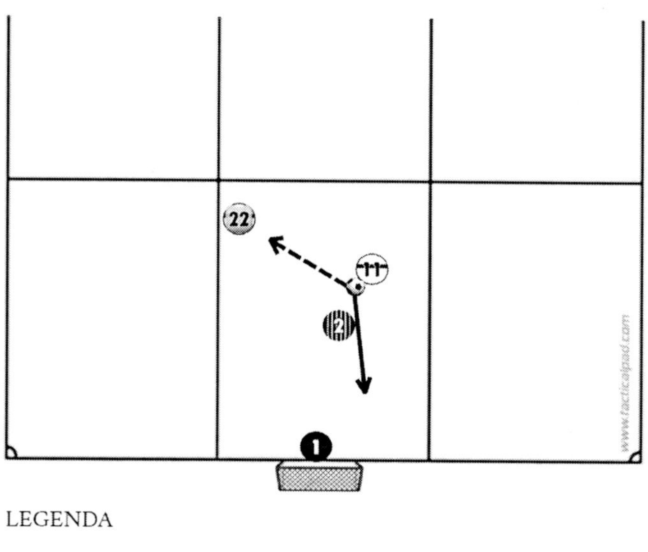

LEGENDA

→ Movimento da bola
- - - - - - - → Movimento da jogador

ATIVIDADE 02

Nome: 3x2 nos corredores

Princípio Tático norteador (ataque): Cobertura Ofensiva

Princípio Tático norteador (defesa): Contenção

Princípios Táticos secundários (ataque): Penetração e Espaço

Princípios Táticos secundários (defesa): Equilíbrio

Descrição: uma equipe de ataque, composta por três jogadores, e uma equipe de defesa, composta por dois jogadores, são posicionadas em um campo de 20x15 com um gol pequeno em cada linha de fundo. O campo é dividido em duas metades (direita e esquerda). No momento inicia l do jogo, um dos jogadores do ataque deve estar com a bola em cima da linha do próprio gol a defender. Os demais jogadores de ataque e defesa devem permanecer em sua metade do campo, não sendo autorizada a troca de lados. Ao apito, o jogador com a bola deve escolher um lado para passar a bola e iniciar o jogo. O jogador que passa a bola para o outro setor, em qualquer momento do jogo, está autorizado a mudar de lado, criando superioridade numérica no setor de destino da bola. Os demais atletas de ataque, bem como os atletas de defesa, não podem trocar de lado. O jogo termina quando a bola sair do campo de jogo, quando a defesa recuperar a bola ou quando o ataque marcar um gol. Na sequência invertem-se os papéis (ataque e defesa), e se reinicia o jogo.

Variação tático-coordenativa: incluir uma bola na mão de um dos atacantes. O atacante com bola na mão não pode receber o passe, devendo passá-la a outro companheiro para poder recebê-lo.

Variação tático-técnica: o passe entre corredores deve acontecer "de primeira".

Progressão em complexidade: transformar o jogador adicional em um curinga, trocando de lado sempre que a posse de bola for modificada e permitindo o jogo contínuo; limitar passes para trás quando em superioridade numérica.

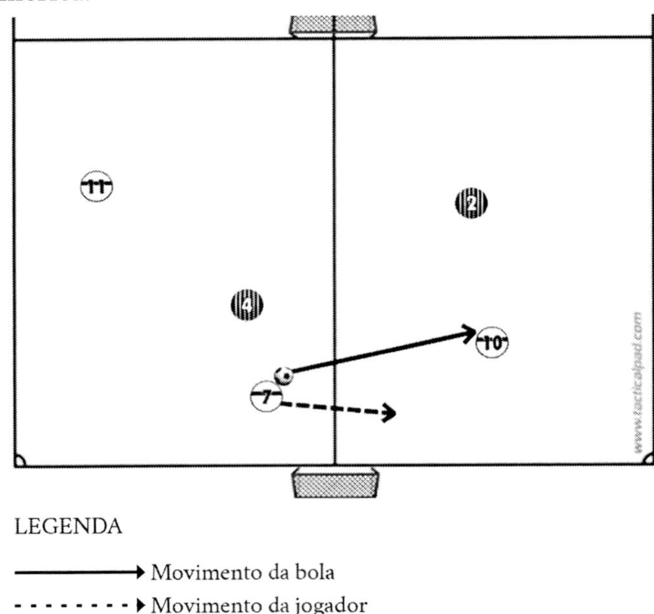

ATIVIDADE 03

Nome: 5x3 progressão pelas laterais

Princípio Tático norteador (ataque): Penetração

Princípio Tático norteador (defesa): Contenção

Princípios Táticos secundários (ataque): Mobilidade e Espaço

Princípios Táticos secundários (defesa): Concentração e Equilíbrio

Descrição: em um campo de 40x30, cinco jogadores no ataque têm o objetivo de progredir até a linha de fundo adversária para marcar pontos. No corredor central, os atletas podem se movimentar com a bola apenas para trás; não há limitação nos corredores laterais. O ponto pode ser marcado por condução da bola até a linha de fundo (via penetração) ou por passe de infiltração de um corredor subjacente (via mobilidade). O jogo deve ter a regra do impedimento.

Variação tático-coordenativa: incluir um jogador com bola na mão na defesa e outro no ataque. Esses não podem marcar ou receber passes, devendo, antes, passar a bola a outro companheiro.

Variação tático-técnica: limitar o número de toques na bola no corredor central.

Progressão em complexidade: conferir mais pontos para o objetivo desejado (progressão ou passe de infiltração); limitar a progressão em situação de igualdade numérica (favorecer a circulação da bola).

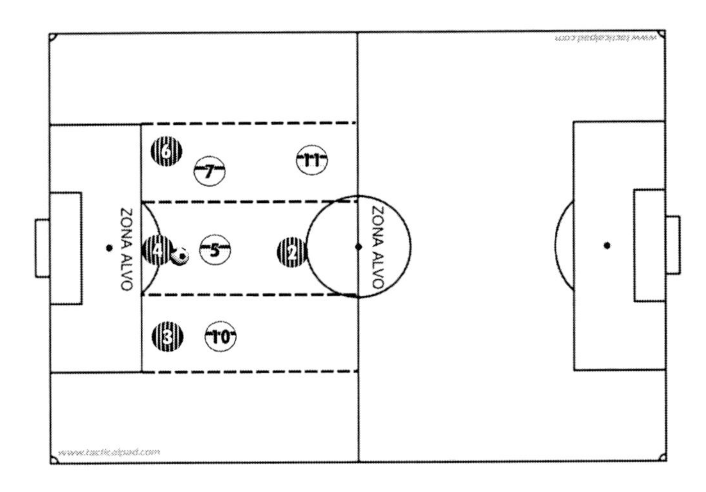

ATIVIDADE 04

Nome: 5x4 gols laterais

Princípio Tático norteador (ataque): Espaço

Princípio Tático norteador (defesa): Equilíbrio

Princípios Táticos secundários (ataque): Penetração e Unidade Ofensiva

Princípios Táticos secundários (defesa): Contenção e Unidade Defensiva

Descrição: Em um campo de 40x30, jogam cinco jogadores no ataque e quatro jogadores na defesa. Os jogadores no ataque têm duas formas de obter pontos: marcando gols nas balizas laterais, desde que a finalização parta do corredor lateral; ou trocando três passes consecutivos no corredor central, desde que todos passes sejam trocados para frente. A defesa deve buscar impedir a marcação de pontos e tentar recuperar a bola.

Variação tático-coordenativa: incluir jogadores extras no meio do campo de jogo, conduzindo bolas, de forma que os jogadores no ataque tenham a ação tática constrangida por pressão de variabilidade.

Variação tático-técnica: limitar número de toques no corredor central.

Progressão em complexidade: limitar o local da ação dos jogadores de defesa; incluir a regra do impedimento (enfatizar Unidade Defensiva).

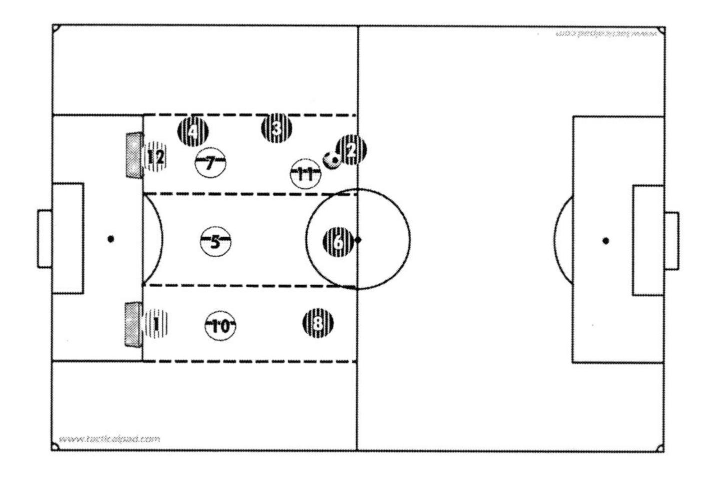

ATIVIDADE 05

Nome: 8x6 corredores horizontais

Princípio Tático norteador (ataque): Espaço

Princípio Tático norteador (defesa): Concentração

Princípios Táticos secundários (ataque): Mobilidade e Penetração

Princípios Táticos secundários (defesa): Unidade Defensiva e Contenção

Descrição: em meio campo oficial (exceto as laterais), oito jogadores de ataque tentam progredir no campo de jogo para marcar gols. Os jogadores de defesa devem impedir a marcação dos gols ocupando, no máximo, dois setores no campo de jogo. O jogo deve ocorrer com a regra do impedimento.

Variação tático-coordenativa: posicionar minicones no campo de jogo e solicitar aos atacantes que acertem algum cone antes de finalizar a baliza. A pontuação obtida em um gol após acertar o cone será dobrada.

Variação tático-técnica: limitar toques na bola em corredores mais distantes do gol e liberar a ação nos corredores mais próximos ao gol (enfatizar penetração.).

Progressão em complexidade: pontuar circulação da bola em amplitude (incluir corredores verticais).

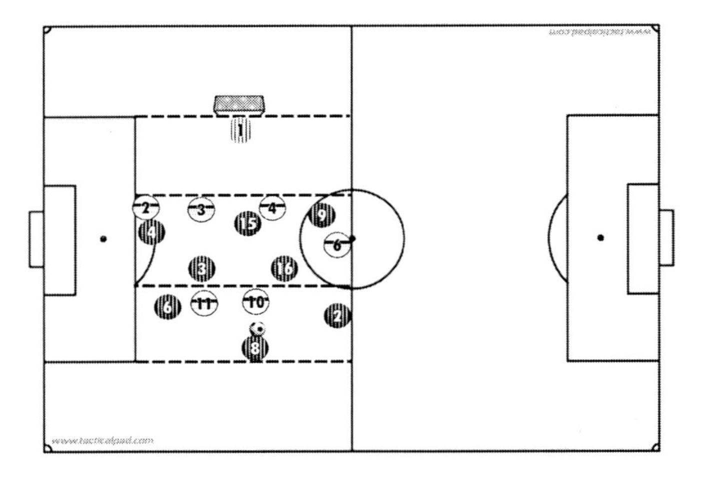

ATIVIDADE 06

Nome: 6x6 em progressão

Princípio Tático norteador (ataque): Penetração

Princípio Tático norteador (defesa): Contenção

Princípios Táticos secundários (ataque): Mobilidade e espaço

Princípios Táticos secundários (defesa): Cobertura defensiva e concentração

Descrição: as duas equipes jogam ataque x defesa em metade do campo oficial. Cada equipe começa com 100 pontos. A primeira equipe a atacar deve buscar alcançar o gol com o menor número de passes trocados. A equipe na defesa, caso recupere a bola, deve mantê-la durante o tempo de ataque da equipe oposta. A cada passe certo, um ponto da equipe de ataque é descontado. A cada recuperação da bola pela equipe na defesa, cinco passes são descontados da equipe no ataque. A cada finalização no gol, 10 pontos são descontados da equipe na defesa. Após 60 segundos, as equipes trocam de função (ataque e defesa). A equipe que tiver os pontos zerados primeiro (isto é, fizer ataques com maior circulação da bola ou com maior número de erros) perde o jogo.

Variação tático-coordenativa: incluir uma bola na mão dos jogadores no ataque. Caso a equipe dê um passe para o jogador com a bola na mão, o passe não é descontado (bola de segurança). O jogador com a bola na mão não pode se deslocar.

Variação tático-técnica: limitar a ação motora dos passes para trás ao pé não dominante, de forma a permitir maior ênfase na progressão no campo.

Progressão em complexidade: aumentar o número de jogadores nas duas equipes; aproximar a estrutura de jogo do jogo formal.

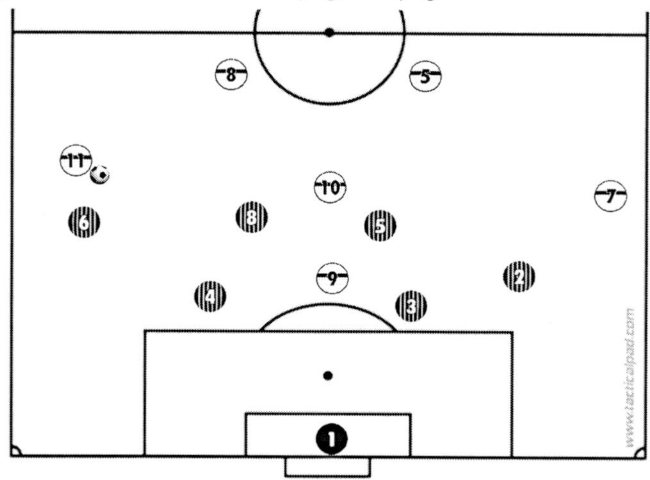

ATIVIDADE 07

Nome: Rugby

Princípio Tático norteador (ataque): Penetração

Princípio Tático norteador (defesa): Contenção

Princípios Táticos secundários (ataque): Cobertura Ofensiva, Unidade Ofensiva

Princípios Táticos secundários (defesa): Cobertura defensiva, Equilíbrio de Recuperação

Descrição: o jogo irá ocorrer na estrutura de 4+1vs4; o curinga atua a favor da equipe com posse e pode dar no máximo dois toques consecutivos na bola. O espaço será de 35x15, dividido em quatro setores iguais. Os passes só poderão ser realizados para os companheiros atrás da linha da bola. A cada setor que a equipe avança, ganha 1 ponto. No último setor, se a equipe conduzir a bola até o espaço delimitado por pratinhos, marca 2 pontos extras.

Sinais relevantes: espaços deixados pelo adversário; companheiro em melhor posição para receber e avançar com a bola dominada.

Variação tático-coordenativa: o jogador que der o passe deverá permanecer imóvel por 5 segundos, contando em voz alta.

Variação tático técnica: limitação de toques na bola (estimulando a recepção orientada); passe somente com a perna ruim.

Progressão em complexidade: acrescentar zonas de "ponto extra" em todos os setores.

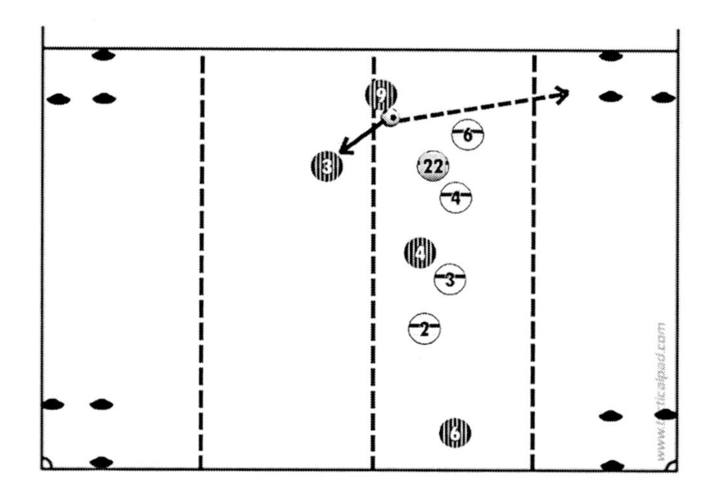

LEGENDA

——→ Movimento da bola

- - - - → Movimento da jogador

ATIVIDADE 08

Nome: Jogo dos Extremos

Princípio Tático norteador (ataque): Espaço sem Bola

Princípio Tático norteador (defesa): Equilíbrio Defensivo

Princípios Táticos secundários (ataque): Cobertura Ofensiva, Penetração

Princípios Táticos secundários (defesa): Contenção

Descrição: o jogo ocorrerá na estrutura de GR+6+1 vs 6+GR, com o curinga atuando a favor da equipe com a posse de bola. O jogo ocorrerá em uma metade do campo oficial, dividida em quatro corredores iguais. As equipes poderão ocupar, no máximo, três corredores. O time que tem a posse de bola deverá trocar ao menos cinco passes antes de finalizar; a assistência só poderá ocorrer advinda de um dos corredores laterais.

Sinais relevantes: presença de companheiros em um dos corredores laterais; comportamento da defesa na retirada de linha de passe para o jogador no corredor lateral.

Variação tático-coordenativa: um jogador de cada equipe terá uma bola em mãos. Ao soar o apito do treinador, o defensor com a bola em mãos poderá iniciar um ataque.

Variação tático técnica: o jogador a dar a assistência só poderá dar um toque na bola antes de efetuar assistência.

Progressão em complexidade: dobrar a pontuação se o gol for obtido após a bola ter circulado pelos dois corredores laterais sem o adversário ter roubado a bola.

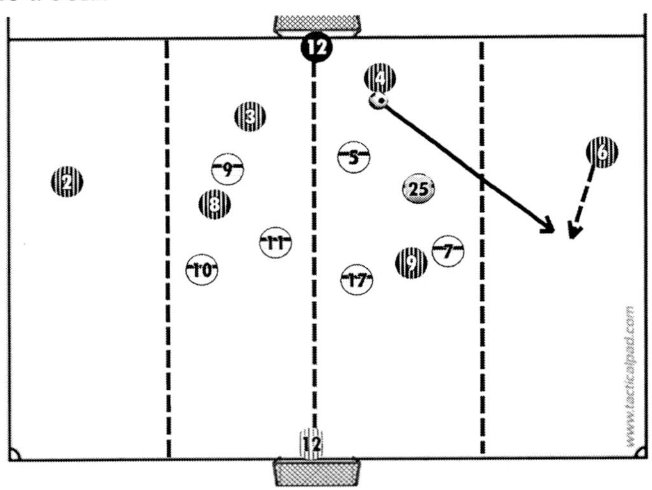

LEGENDA

——→ Movimento da bola

- - - -→ Movimento da jogador

ATIVIDADE 09

Nome: Gol de primeira

Princípio Tático norteador (ataque): Cobertura Ofensiva

Princípio Tático norteador (defesa): Concentração

Princípios Táticos secundários (ataque): Espaço sem bola

Princípios Táticos secundários (defesa): Equilíbrio

Descrição: o jogo acontece na estrutura funcional 4x4+1 em um campo de 25x35. A equipe com posse de bola busca marcar em um dos gols enquanto a equipe sem bola busca impedir o gol e roubar a bola para iniciar o ataque. A marcação de gols só é válida em ações de primeira (com um toque somente).

Sinais relevantes: Lado que a defesa congestionou o espaço; posição do companheiro; espaço vazio para ocupar.

Variação tático-coordenativa: Colocar uma bola na mão de um jogador de cada equipe, mas esse não pode receber o passe.

Variação tático técnica: gol de primeira válido somente com a perna não dominante.

Progressão em complexidade: limitação de toques na bola por posse individual.

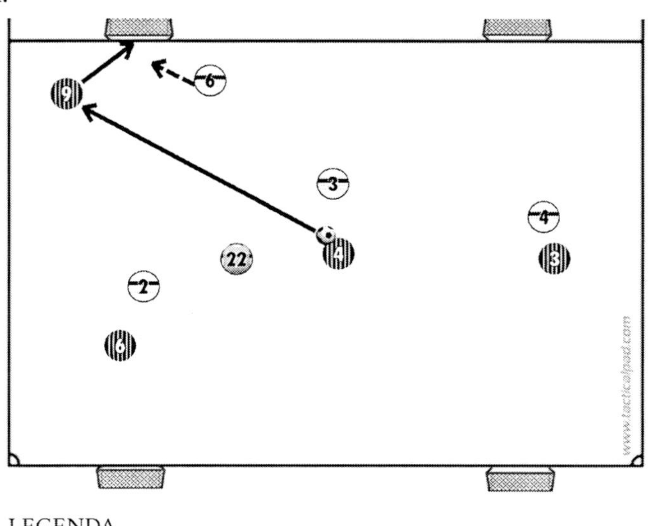

LEGENDA

→ Movimento da bola

- - - - - - - - ▸ Movimento da jogador

ATIVIDADE 10

Nome: Relógio de grupo

Princípio Tático norteador (ataque): Unidade ofensiva

Princípio Tático norteador (defesa): Unidade defensiva

Princípios Táticos secundários (ataque): Cobertura ofensiva

Princípios Táticos secundários (defesa): -

Descrição: o jogo acontece na estrutura funcional 4x4 em um campo de 50x50, dividido em quatro quadrantes de tamanhos iguais. O objetivo é fazer a volta em todos os quadrantes, a equipe A no sentido horário e a equipe B no sentido anti-horário. Para conseguir passar a bola para o quadrante seguinte, de acordo com o sentido da sua equipe, é necessário trocar cinco passes no quadrante atual. Quando atingir a contagem de cinco passes, deve passar a bola para um dos dois jogadores de apoio na lateral do campo, e as equipes devem passar para o quadrante seguinte. Caso ocorra roubada de bola, a equipe com a posse efetua o mesmo procedimento no sentido contrário. Ganha a equipe que fizer a volta nos quadrantes primeiro.

Sinais relevantes: linha de passe para o companheiro; acompanhar o sentido da bola ao trocar de quadrante.

Variação tático-coordenativa: todos os jogadores com colete na cintura e, caso um adversário roube o colete, o jogador só pode voltar a marcar quando recuperá-lo (o adversário deve deixar o colete roubado no chão).

Variação tático técnica: limite de toques na bola; somente vale trocar a bola de quadrante com passe de primeira.

Progressão em complexidade: retirar os curingas, incluindo jogadores da própria equipe na realização da ação de apoio.

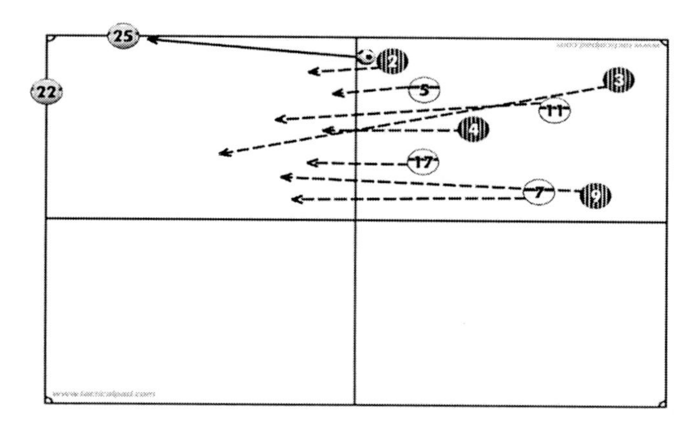

LEGENDA

→ Movimento da bola

- - - - - - - - → Movimento da jogador

REFERÊNCIAS

AFONSO, J.; GARGANTA, J.; MESQUITA, I. Decision-making in sports: the role of attention, anticipation and memory. *Revista Brasileira de Cineantropometria e Desempenho Humano*, v. 14, n. 5, p. 592–601, 2012.

AGUIAR, M. *et al.* Footballers' movement behaviour during 2-, 3-, 4- and 5-a-side small-sided games. *Journal of Sports Sciences*, v. 33, n. 12, p. 1259–1266, 2015.

ALMEIDA, P. L.; LAMEIRAS, J. You'll never walk alone: A cooperação como paradigma explicativo das dinâmicas das equipas desportivas. *Revista de Psicología del Deporte*, v. 22, n. 2, p. 517–523, 2013.

AMIEIRO, N. *Defesa à Zona no Futebol:* a (des)Frankesteinização de um conceito. Uma necessidade face á inteireza inquebrantável que o jogar deve manifestar. 2004. Dissertação (Mestrado em Treino de Alto Rendimento Desportivo). Porto: Universidade do Porto, 2004.

ANDERSON, J. R.; BOTHELL, D.; BYRNE, M. D. An integrated theory of the mind. *Psychological Review*, v. 111, n. 4, p. 1036-1060, 2004.

ARAÚJO, D.; DAVIDS, K.; HRISTOVSKI, R. The ecological dynamics of decision making in sport. *Psychology of sport and exercise*, v. 7, n. 6, p. 653–676, 2006.

ARQILAGA, M. T. A. *et al.* La metodologia observacional en el deporte – conceptos básicos. *Lecturas, Educación Física e Deportes*, v. 5, n. 24, 2000.

BAKEMAN, R.; QUERA, V. *Sequential Analysis and Observational Methods for the Behavioral Sciences*. United Kingdom: Cambridge University Press, 2011.

BANGSBO, J. *Fitness training in football.* Copenhagen: HO Storm, 1993.

BAR-ELI, M. *et al.* Developing peak performance in sport: optimization versus creativity. *In*: HACKFORT, D.; TENENBAUM, G. (ed.). *Essential processes for attaining peak performance.* Oxford: Meyer & Meyer, 2006. p. 158–177.

BAR-ELI, M.; PLESSNER, H.; RAAB, M. *Judgment, decision-making and success in sport.* Reino Unido: Wiley-Blackwell, 2011.

BARREIRA, D. *Tendências evolutivas da dinâmica tática em Futebol de alto rendimento:* Estudo da fase ofensiva nos Campeonatos da Europa e do Mundo, entre 1982 e 2010. 2013. Tese (Doutorado em Treino de Alto Rendimento Desportivo). Porto: Universidade do Porto, 2013.

BARREIRA, D. *et al.* SoccerEye: A Software Solution to Observe and Record Behaviours in Sport Settings. *The Open Sports Science Journal*, v. 6, p. 47–55, 2013.

BARREIRA, D. *et al.* Effects of ball recovery on top-level soccer attacking patterns of play. *Revista Brasileira de Cineantropometria e Desempenho Humano*, v. 16, n. 1, p. 36–46, 2014.

BARREIRA, D. *et al.* How elite-level soccer dynamics has evolved over the last three decades? Input from generalizability theory. *Cuadernos de Psicología del Deporte*, v. 15, n. 1, p. 51–62, 2015.

BAYER, C. *La enseñanza de los juegos deportivos coletivos*. Barcelona: Editorial Hispano Europea, 1994.

BEILOCK, S. Grounding cognition in action: expertise, comprehension, and judgment. *Progress in Brain Research*, v. 174, p. 3–11, 2009.

BERTALANFFY, L. V. *Teoria Geral dos Sistemas.* Fundamentos, desenvolvimento e aplicações. Petrópolis: Vozes, 2008.

BERTRAND, Y.; GUILLEMET, P. *Organizações:* uma abordagem sistêmica. Lisboa: Instituto Piaget, 1988.

BOURBOUSSON, J. *et al.* Team Coordination in Basketball: Description of the Cognitive Connections Among Teammates. *Journal of Applied Sport Psychology*, v. 22, n. 2, p. 150–166, 2010.

BRADLEY, P.; LAGO-PEÑAS, C.; REY, E. Evaluation of the Match Performances of Substitution Players in Elite Soccer. *International Journal of Sports Physiology and Performance*, v. 9, p. 415–424, 2014.

BUNKER, D.; THORPE, R. A model for the teaching of games in the secondary school. *Bulletin of Physical Education*, v. 18, n. 1, p. 5-8, 1982.

BUSH, M. *et al.* Evolution of match performance parameters for various playing positions in the English Premier League. *Human Movement Science*, v. 39, p. 1–11, 2015.

CAPINUSSÚ, J.; REIS, J. *Futebol:* técnica, tática e administração. Rio de Janeiro: Shape, 2004.

CASTELAO, D. *et al.* Comparison of tactical behaviour and performance of youth soccer players in 3v3 and 5v5 small-sided games. *International Journal of Performance Analysis in Sport*, v. 14, n. 3, p. 801–813, 2014.

CASTELLANO, J.; ECHEAZARRA, I. Network-based centrality measures and physical demands in football regarding player position: Is there a connection? A preliminary study. *Journal of Sports Sciences*. 2019. Disponível em: https://doi.org /10.1080/02640414.2019.1589919 Acesso em: 28 jan. 2020.

CASTELO, J. *Futebol a organização dinâmica do jogo*. Portugal: Lusófonas Edições Universitárias, 1996.

CAUSER, J.; FORD, P. R. "Decisions, decisions, decisions": transfer and specificity of decision-making skill between sports. *Cognitive Processing*, v. 15, n. 3, p. 385–389, 2014.

CHI, M. T. H.; GLASSER, R. The measurement of expertise: Analysis of the development of knowledge and skill as a basis for assessing achievement. *In*: BAKER, E. L.; QUELLMALZ, E. L. (ed.). *Design, analysis, and policy in testing and evaluation*. Beverly Hills: Sage Publications, 1980. p. 37-48.

CLEMENTE, F. M. *et al.* A systemic overview of football game: the principles behind the game. *Journal of Human Sport & Exercise*, v. 9, n. 2, p. 656–667, 2014.

CLEMENTE, F. M. *et al.* General network analysis of national soccer teams in FIFA World Cup 2014. *International Journal of Performance Analysis in Sport*, v. 15, n. 1, p. 80–96, 2015.

CLEMENTE, F. M. *et al.* Network structure and centralization tendencies in professional football teams from Spanish La Liga and English Premier Leagues. *Journal of Humand Sport and Exercise*, v. 11, n. 3, p. 376–389, 2016.

CLEMENTE, F. M. *Small-sided and conditioned games in soccer training:* The science and practical applications. Singapore: Springer Singapore, 2016.

CLEMENTE, F. M.; MARTINS, F. M. L.; MENDES, R. S. Periodization Based on Small-Sided Soccer Games: Theoretical Considerations. *Strength and Conditioning Journal*, v. 36, n. 5, p. 34–43, 2014.

CLEMENTE, F. M.; MARTINS, F. M. L.; MENDES, R. S. *Social Network Analysis Applied to Team Sports Analysis*. Netherlands: Springer International Publishing, 2016.

COELHO, D. B. *et al.* Intensity of real competitive soccer matches and differences among player positions. *Revista Brasileira de Cineantropometria e Desempenho Humano*, v. 13, n. 5, p. 341–347, 2011.

DAVID, G. K.; WILSON, R. S. Cooperation improves success during intergroup competition: an analysis using data from professional soccer tournaments. *PlosOne*, v. 10, n. 8, p. 1–10, 2015.

DAVIDS, K. *et al.* How small-sided and conditioned games enhance acquisition of movement and decision-making skills. *Exercise and Sport Sciences Reviews*, v. 41, n. 3, p. 154–161, 2013.

DEUTSCH, M. A theory of cooperation and competition. *Human Relations*, v. 2, n. 2, p. 199–231, 1949.

DIETRICH, K.; DURRWACHTER, G.; SCHALLER, H.-J. *Os grandes jogos:* metodologia e prática. Rio de Janeiro: Ao Livro Técnico, 1984.

DRUBSCKY, R. *Universo tático do futebol:* escola brasileira. 2. ed. Belo Horizonte: 2014.

EVANS, M. B.; EYS, M. A. Collective goals and shared tasks: Interdependence structure and perceptions of individual sport team environments. *Scandinavian Journal of Medicine and Science in Sports*, v. 25, n. 1, p. e139–e148, 2015.

EYSENCK, M.; KEANE, M. T. *Psicologia cognitiva:* um manual introdutório. Porto Alegre: Artes Médicas, 1994.

EYSENCK, M. W. *et al.* Anxiety and cognitive performance: Attentional control theory. *Emotion*, v. 7, n. 2, p. 336–353, 2007.

FARROW, D.; ABERNETHY, B. Expert Anticipation and Pattern Perception. *In*: *Routledge Handbook of Sport Expertise*. Reino Unido: Routledge Handbooks Online, 2015. p. 9-21.

FARROW, D.; RAAB, M. Receipt to become an expert in decision making. *In*: FARROW, D.; BAKER, J. D.; MACMAHON, C. (ed.). *Developing sport expertise:* researchers and coaches put theory into practice. London & New York: Routledge, 2008. p. 137–164.

FIGUEIRA, B. *et al.* Exploring how playing football with different age groups affects tactical behaviour and physical performance. *Biology of sport*, v. 35, n. 2, p. 145–153, jun. 2018.

FOLGADO, H. *et al.* Length, width and centroid distance as measures of teams tactical performance in youth football. *European Journal of Sport Science*, v. 14, n. sup1, p. S487–S492, 2012.

FOLGADO, H. *et al.* Competing with Lower Level Opponents Decreases Intra-Team Movement Synchronization and Time-Motion Demands during Pre-Season Soccer Matches. *PLoS ONE*, v. 9, n. 5, p. e97145, 2014.

FRADUA, L. *et al.* Designing small-sided games for training tactical aspects in soccer: Extrapolating pitch sizes from full-size professional matches. *Journal of Sports Sciences*, v. 31, n. 6, p. 573–581, 2013.

FRENCKEN, W. *et al.* Oscillations of centroid position and surface area of soccer teams in small-sided games. *European Journal of Sport Science*, v. 11, n. 4, p. 215–223, 2011.

GABIN, B. *et al.* Lince: multiplatform sport analysis software. *Procedia* – Social and Behavioral Sciences, v. 46, p. 4692–4694, 2012.

GAMA, J. *et al.* Network analysis and intra-team activity in attacking phases of professional football. *International Journal of Performance Analysis in Sport*, v. 14, n. 3, p. 692–708, 2014.

GAMA, J. *et al. Novos métodos para observar e analisar o jogo de futebol*. Estoril: Prime Books, 2017.

GARGANTA, J. (Re)Fundar os conceitos de estratégia e táctica nos jogos desportivos colectivos, para promover uma eficácia superior. *Revista Brasileira de Educação Física e Esporte*, v. 20, p. 201–203, 2006.

GARGANTA, J. Trends of tactical performance analysis in team sports: bridging the gap between research, training and competition. *Revista Portuguesa de Ciência do Desporto*, v. 9, n. 1, p. 81–89, 2009.

GARGANTA, J. M. Para uma teoria dos jogos desportivos colectivos. *In*: OLIVEIRA, A. G. (ed.). *O ensino dos jogos desportivos*. Porto: Centro de Estudos dos Jogos Desportivos. FCDEF-UP, 1994.

GARGANTA, J. M. *Modelação tática do jogo de futebol:* estudo da organização da fase ofensiva em equipas de alto rendimento. 1997. Tese (Doutorado em Treino de Alto Rendimento Desportivo). Universidade do Porto, 1997.

GARGANTA, J. M.; GRÉHAIGNE, J. F. Abordagem sistêmica do jogo de futebol: moda ou necessidade? *Movimento*, v. 5, n. 10, p. 40-50, 1999.

GARGANTA, J.; PINTO, J. O ensino do futebol. *In*: GRAÇA, A.; OLIVEIRA, J. (ed.). *O ensino dos jogos desportivos*. Faculdade de Ciências do Desporto e de Educação Física da Universidade do Porto: Rainho & Neves Lda, 1994. v. 1, p. 95–136.

GIACOMINI, D. S. *Conhecimento tático declarativo e processual no futebol:* estudo comparativo entre jogadores de diferentes categorias e posiçõesEscola de Educação Física, Fisioterapia e Terapia Ocupacional. 2007. Dissertação (Mestrado em Ciências do Esporte). Universidade Federal de Minas Gerais, 2007.

GIBSON, J.; IVANCEVICH, J.; DONNELLY JR., J. *Organizações:* comprotamento, estrutura, processos. São Paulo: Atlas, 1981.

GIBSON, J. J. *The ecological approach to visual perception*. Hilsdale: Lawrence Erlbaum Associates, 1976.

GIGERENZER, G. Fast and frugal heuristics: The tools of bounded rationality. *In*: KOEHLER, D. J.; HARVEY, N. (ed.). *Blackwell Handbook of Judment and Decision Making*. Malden: Blackwell, 2004. p. 62–88.

GIGERENZER, G. *O poder da intuição:* o inconsciente dita as melhores decisões. Rio de Janeiro: Best Seller, 2009.

GIGERENZER, G.; GAISSMAIER, W. Heuristic decision making. *Annual Review of Psychology*, v. 62, p. 451–482, 2011.

GIGERENZER, G.; TODD, P. *Simple Heuristics that make us smart*. Oxford: Oxford University Press, 1999.

GILOVICH, T.; GRIFFIN, D.; KAHNEMAN, D. *Heuristics and Biases:* the psychology of intuitive judgment. New York: Cambridge University Press, 2002.

GOMES, A. C.; SOUZA, J. *Futebol:* treinamento desportivo de alto rendimento. Porto Alegre: Artmed, 2008.

GRAÇA, A.; MESQUITA, I. A investigação sobre os modelos de ensino dos jogos desportivos. *Revista Portuguesa de Ciências do Desporto*, v. 7, n. 3, p. 401–421, 2007.

GRAÇA, A.; MESQUITA, I. Modelos e conceções de ensino dos jogos desportivos. *In*: TAVARES, F. (ed.). *Jogos Desportivos Coletivos:* ensinar a jogar. Porto: Universidade do Porto, 2013.

GRECO, P. J. Consideraciones Psicopedagógicas del Entrenamiento Táctico. *Revista Stadium*, v. 23, n. 135, p. 14–19, 1989.

GRECO, P. J. Conhecimento tático-técnico: eixo pendular da ação tática (criativa) nos jogos esportivos coletivos. *Revista Brasileira de Educação Física e Esporte*, v. 20, n. 5, p. 210-212, 2006.

GRECO, P. J. *et al.* A cognição em ação: proposta de um modelo de treinamento tático-técnico da tomada de decisão nos jogos desportivos coletivos. *In*: LEMOS, K. L. M.; PEREZ MORALES, J. C.; GRECO, P. J. (ed.). *O esporte criando pontes entre a pesquisa e a prática*. Belo Horizonte: Casa da Educação Física, 2015a. p. 311–334.

GRECO, P. J. *et al.* Evidência de validade do teste de conhecimento tático processual para orientação esportiva – TCTP: OE. *Revista Brasileira De Educação Física E Esporte*, v. 29, n. 2, p. 313–324, 2015b.

GRECO, P. J.; BENDA, R. N. *Iniciação Esportiva Universal.* Belo Horizonte: UFMG, 1998. v. 1

GRECO, P. J.; ROTH, K. Treinamento tático nos esportes. *In*: SAMULSKI, D.; MENZEL, H.; PRADO, L. S. (ed.). *Treinamento Esportivo*. Barueri: Manole, 2013. p. 249–282.

GRÉHAIGNE, J. F.; BOUTHIER, D. Dynamic-system analysis of opponent relationships in collective actions in soccer. *Journal of Sports Sciences*, v. 15, n. 2, p. 137-149, 1997.

GROSSER, M.; ZINTL, F.; BRÜGGEMANN, P. *Alto rendimiento deportivo*: planificación y desarrollo. Barcelona: Martínez Roca, 1989.

HEPLER, T. J.; FELTZ, D. L. Take the first heuristic, self-efficacy, and decision--making in sport. *Journal of Experimental Psychology:* Applied, v. 18, p. 154–161, 2012.

HOARE, D.; WARR, C. Talent identification and women's soccer: An Australian experience. *Journal of Sports Sicences*, v. 18, p. 751–758, 2000.

HOSSNER, E. J. A cognitive movement scientist's view on the link between thought and action: insights from the "Badische Zimmer" metaphor. *Mind and Motion:* The bidirectional link between thought and action, v. 174, p. 25-34, 2009.

IZQUIERDO, I. *Memória*. 2. ed. Porto Alegre: Artmed, 2011.

JANKOWSKI, T. *Coaching soccer like Guardiola and Mourinho:* The concept of tactical periodization. Aachen, Germany: Meyer & Meyer, 2016.

JOHNSON, D. W.; JOHNSON, R. T. New developments in social interdependence theory. *Genetic Social and General Psychology Monographs*, v. 131, n. 4, p. 285–358, 2005.

JOHNSON, J. Cognitive modeling of decision-making in sports. *Psychology of Sport and Exercise*, v. 7, p. 631–652, 2006.

JOHNSON, J.; RAAB, M. Take the first: Option generation and resulting choices. *Organizational Behavior and Human Decision Processes*, v. 91, p. 215–229, 2003.

KAHNEMAN, D. *Rápido e devagar:* duas formas de pensar. São Paulo: Objetiva, 2012.

KIRK, D.; MCPHAIL, A. Teaching games for understanding and situated learning: rethinking the Bunker-Thorpe model. *Journal of Teaching in Physical Education*, v. 21, n. 2, p. 177–192, 2002.

KROGER, C.; ROTH, K. *Escola da bola:* um ABC para iniciantes nos jogos esportivos. São Paulo: Phorte, 2002.

LAGO, C. The influence of match location, quality of opposition, and match status on possession strategies in professional association football. *Journal of Sports Sciences*, v. 27, n. 13, p. 1463–1469, 2009.

LAPRESA, D. *et al.* Comparative analysis of the sequentiality using SDIS-GSEQ and THEME: a concrete example in soccer. *Journal of Sports Sciences*, v. 31, n. 15, p. 1687–1695, 2013.

LEBED, F.; BAR-ELI, M. *Complexity and control in team sports:* dialetics in contesting human systems. New York: Routledge, 2013.

LINDQUIST, F.; BANGSBO, J. Do young soccer players need specific physical training? *In*: REILLY, T.; CLARYS, J.; STIBBE, A. (ed.). *Science and Football II*. London; New York: E. & F. N. Spon, 1993.

LOHSE, K. On attentional control. *In*: BAKER, J.; FARROW, D. (ed.). *Routledge Handbook of Sport Expertise*. London; New York: Routlede, 2015. p. 38–49.

LUSHER, D.; ROBINS, G.; KREMER, P. The application of social network analysis to team sports. *Measurement in Physical Education and Exercise Science*, v. 14, n. 4, p. 211–224, 2010.

MAHLO, F. *O acto táctico no jogo*. Lisboa: Compendium, 1970.

MALLO, J. *et al.* Physical demands of top-class soccer friendly matches in relation to a playing position using global positioning system technology. *Journal of Human Kinetics*, v. 47, p. 179–188, 2015.

MANGAS, C. J. *Conhecimento declarativo no futebol:* estudo comparativo em praticantes federados e não-federados, do escalão de sub-14. 1999. Dissertação (Mestrado em Treino de Alto Rendimento Desportivo). Porto: Universidade do Porto, 1999.

MANN, D. T. Y. *et al.* Perceptual-cognitive expertise in sport: a meta-analysis. *Journal of Sport & Exercise Psychology*, v. 29, p. 457–478, 2007.

MARCOS, F. M. L. *et al.* Incidencia de la cooperación, la cohesión y la eficacia colectiva en el rendimiento en equipos de fútbol. *Revista Internacional de Ciencias del Deporte*, v. 7, n. 26, p. 341–354, 2011.

MESQUITA, I. Perspectiva construtivista da aprendizagem no ensino do jogo. *In*: NASCIMENTO, J. V; RAMOS, V.; TAVARES, F. (ed.). *Jogos Desportivos:* formação e investigação. Porto: Porto, 2013.

METZLER, M. W. *Instructional Models for Physical Education*. 3. ed. Scottsdale: Holcomb Hathaway, 2011.

MICHAILIDIS, Y. Small sided games in soccer training. *Journal of Physical Education and Sport*, v. 13, n. 3, p. 392–399, 2013.

MONTAGNER, P. C.; SCAGLIA, A. J. Pedagogia da competição: teoria e proposta de sistematização nas escolas de esportes. *In*: REVERDITO, R. S.; SCAGLIA, A. J.; MONTAGNER, P. C. (ed.). *Pedagogia do Esporte*: aspectos conceituais da competição e estudos aplicados. São Paulo: Phorte, 2013. p. 464.

MOREIRA, P. D. *et al.* Conhecimento tático declarativo em jogadores de futebol sub-14 e sub-15. *Kinesis*, v. 32, n. 87–99, 2014.

MORENO, J. H. *Fundamentos del esporte:* analisis de las estruturas del juego deportivo. Rio Claro: Universidade Estadual Paulista, 1996.

MORIN, E. *Introdução ao pensamento complexo*. Porto Alegre: Sulina, 2005.

MUSCH, E. *et al.* An innovative didactical invasion games model to teach basketball and handball. Annual Congress of the European College Sport Science. presented on cd. *In*: *7th Annual Congress of the European College of Sport Science*. Athens. Greece. 2002

NEVO, D.; RITOV, Y. Around the goal: Examining the effect of the first goal on the second goal in soccer using survival analysis methods. *Journal of Quantitative Analysis in Sport*, v. 9, n. 1, p. 165–177, 2012.

NGO, J. K. *et al.* The effects of man-marking on work intensity in small-sided soccer games. *Journal Of Sports Science & Medicine*, v. 11, n. 1, p. 109–14, 2012.

NITSCH, J. Ecological approaches to Sport Activity: a commentary from a action--theoretical point of view. *International Journal of Sports Psychology*, v. 40, n. 1, p. 152-176, 2009.

NORTH, J. S. *et al.* Perceiving Patterns in Dynamic Action Sequences: Investigating the Processes Underpinning Stimulus Recognition and Anticipation Skill. *Applied Cognitive Psychology*, v. 23, p. 878–894, 2009.

OLIVEIRA, R. F. *et al.* The bidirectional links between decision making, perception and action. *Progress in Brain Research*, v. 174, p. 85-93, 2009.

OLTHOF, S. B. H.; FRENCKEN, W. G. P.; LEMMINK, K. A. P. M. Match-derived relative pitch area changes the physical and team tactical performance of elite soccer players in small-sided soccer games. *Journal of Sports Sciences*, v. 36, n. 14, p. 1557-1563, 2017.

PADILHA, M. B. *et al.* The influence of floaters on players' tactical behaviour in small-sided and conditioned soccer games. *International Journal of Performance Analysis in Sport*, v. 17, n. 5, p. 721–736, 2017.

PASSOS, P. *et al.* Networks as a novel tool for studying team ball sports as complex social systems. *Journal of Science and Medicine in Sport*, v. 14, p. 170–176, 2011.

PASSOS, P.; ARAÚJO, D.; DAVIDS, K. Competitiveness and the Process of Co-adaptation in Team Sport Performance. *Frontiers in Psychology*, v. 7, p. 1562, 2016.

PINHO, S. T. D. E. *et al.* Método situacional e sua influência no conhecimento tático processual de escolares. *Motriz. Revista de Educação Física*, v. 16, n. 3, p. 580-590, 2010.

PIVETTI, B. M. F. *Periodização tática:* o futebol-arte alicerçado em critérios. São Paulo: Phorte, 2012.

PRAÇA, G. *et al.* Demandas físicas são influenciadas pelo estatuto posicional em pequenos jogos?. *Revista Brasileira de Medicina do Esporte*, v. 23, n. 5, p. 361–364, 2017a.

PRAÇA, G. M. *et al.* Tactical behavior in soccer small-sided games: Influence of tactical knowledge and numerical superiority. *Journal of Physical Education*, v. 27, p. e2736, 2016a.

PRAÇA, G. M. *et al.* Influence of additional players on collective tactical behavior in small-sided soccer games. *Revista Brasileira de Cineantropometria e Desempenho Humano*, v. 18, n. 1, p. 62-71, 2016b.

PRAÇA, G. M. *et al.* Network analysis in small-sided and conditioned soccer games: The influence of additional players and playing position. *Kinesiology*, v. 49, n. 2, p. 185–193, 2017b.

PRAÇA, G. M. *et al.* Em busca de padrões de jogo da fase ofensiva em pequenos jogos de futebol. *Conexões*, v. 15, n. 1, p. 1–11, 2017c.

PRAÇA, G. M. *et al.* Tactical behavior in soccer small-sided games: influence of team composition criteria. *Revista Brasileira de Cineantropometria e Desempenho Humano*, v. 19, n. 3, p. 354–363, 2017d.

PRAÇA, G. M. *et al.* The development of tactical skills in U-14 and U-15 soccer players throughout a season: A comparative analysis. *Human Movement*, v. 18, n. 5, 2017e.

PRAÇA, G. M. *et al.* Defensive interactions in soccer small-sided games: an integrated approach between the fundamental tactical principles and the social network analysis. *Revista Brasileira de Cineantropometria e Desempenho Humano*, v. 20, n. 5, p. 422–431, 2018.

PRAÇA, G. M. *et al.* Influence of Match Status on Players' Prominence and Teams' Network Properties During 2018 FIFA World Cup. *Frontiers in Psychology*, v. 10, p. 695, 2019.

PRAÇA, G. M.; CUSTÓDIO, I. J. O.; GRECO, P. J. Numerical superiority changes the physical demands of soccer players during small-sided games. *Revista Brasileira de Cineantropometria e Desempenho Humano*, v. 17, n. 3, p. 269-279, 2015.

PRAÇA, G. M.; GRECO, P. J. *Pequenos jogos no futebol:* influência do critério de composição das equipes e das capacidades táticas e físicas no comportamento de jovens jogadores. 2016. Tese (Doutorado em Ciências do Esporte). Belo Horizonte: Universidade Federal de Minas Gerais, 2016.

PRAÇA, G. M.; PÉREZ-MORALES, J. C.; GRECO, P. J. Influência do estatuto posicional no comportamento tático durante jogos reduzidos no futebol: um estudo de caso em atletas sub-17 de elite. *Revista Portuguesa de Ciências do Desporto*, v. 16, n. S2A, p. 194–206, 2016.

RAAB, M. Think SMART, not hard. *Physical Education & Sport Pedagogy*, v. 12, p. 1–22, 2007.

RAAB, M. SMART-ER: a Situation Model of Anticipated Response consequences in Tactical decisions in skill acquisition — Extended and Revised. *Frontiers in Psychology*, v. 5, p. 1–5, 2015.

RAAB, M. *et al.* Training athletes' choices using a simple heuristic approach. *In*: LEMOS, K. L. M.; GRECO, P. J.; PEREZ MORALES, J. C. (ed.). *O esporte criando pontes entre a pesquisa e a prática*. Belo Horizonte: Casa da Educação Física, 2015. p. 271–284.

RAAB, M.; JOHNSON, J. Option-generation and resulting choices. *Journal of Experimental Psychology Applied*, v. 13, p. 158–170, 2007.

RAAB, M.; LABORDE, S. When to Blink and When to Think: Preference for Intuitive Decisions Results in Faster and Better Tactical Choices. *Research Quarterly for Exercise and Sport*, v. 82, n. 1, p. 1–10, 2011.

RAAB, M.; OLIVEIRA, R. F.; HEINEN, T. How do people perceive and generate options? *Progress in Brain Research*, v. 174, p. 50–59, 2009.

REBER, A. S. Implicit Learning and Tacit Knowledge. *Journal of Experimental Psychology:* General, v. 118, n. 3, p. 219–235, 1989.

REBER, A. S. The cognitive unconscious: an evolutionary perspective. *Consciousness and Cognition*, v. 1, p. 93–133, 1992.

REILLY, T.; MORRIS, T.; WHYTE, G. The specificity of training prescription and physiological assessment: A review. *Journal of Sports Sciences*, v. 27, n. 6, p. 575–589, abr. 2009.

REVERDITO, R. S.; SCAGLIA, A. J.; PAES, R. R. Pedagogia do esporte: panorama e análise conceitual das principais abordagens. *Motriz*, v. 15, n. 3, p. 600–610, 2009.

ROBERTS, M. E.; GOLDSTONE, R. L. Adaptative groupo coordination and role differentiation. *PlosOne*, v. 6, n. 7, p. e22377, 2011.

ROCA, A. *et al.* Perceptual-Cognitive Skills and Their Interaction as a Function of Task Constraints in Soccer. *Journal of Sport & Exercise Psychology*, v. 35, n. 2, p. 144–155, 2013.

SARMENTO, H. *et al.* A metodologia observacional como método para análise do jogo de Futebol – uma perspectiva teórica. *Boletim SPEF*, v. 37, p. 9–20, 2013.

SARMENTO, H. *et al.* Small sided games in soccer – a systematic review. *International Journal of Performance Analysis in Sport*, v. 18, n. 5, p. 693–749, 2018.

SELTEN, R. What is bounded rationality? *In*: GIGERENZER, G.; SELTEN, R. (ed.). *Bounded rationality:* the adaptive toolbox. Cambridge, MIT Press, 2001. p. 13–36.

SILVA, F. G. M. *et al. Ultimate Performance Analysis Tool (uPATO)*. Cham: Springer International Publishing, 2019.

SILVA, J. V. O. *et al.* Conhecimento tático declarativo e processual no futebol: análise nas categorias sub-14 e sub-15. *Revista da Educação Física,* v. 29, p. e2974, 2018a.

SILVA, M. *O desenvolvimento do jogar segundo a periodização tática.* Pontevedra: MC Sports, 2008.

SILVA, M. V. *et al.* Are there differences in the technical actions performed by players from different playing position during small-sided games? *Revista Brasileira de Cineantropometria & Desempenho Humano,* v. 20, n. 3, p. 300–308, 2018b.

SILVA, P. *et al.* Field dimension and skill level constrain team tactical behaviours in small-sided and conditioned games in football. *Journal of Sports Sciences,* v. 32, n. 20, p. 1888–1896, 2014.

SILVA, M. V. *et al.* Estratégia e tática no futsal: uma análise crítica. *Caderno de Educação Física,* v. 10, n. 19, p. 75–84, 2011.

SIMON, H. A. A behavioral model for rationale choice. *Quarterly Journal of Economics,* v. 69, p. 99–118, 1955.

SOARES, V. D. O. V.; GRECO, P. J. A Análise Técnico-Tática nos Esportes Coletivos: Porque", "O Quê", e "Como". *Revista Mackenzie de Educação Física e Esporte,* v. 9, p. 3–11, 2010.

STERNBERG, R. J. *Psicologia Cognitiva.* Porto Alegre: Artmed, 2000.

SZMUCHROWSKI, L.; COUTO, B. P. Sistema integrado do treinamento esportivo. *In*: SAMULSKI, D.; MENZEL, H. J.; PRADO, L. S. (ed.). *Treinamento Esportivo.* São Paulo: Manole, 2013. p. 3–26.

TAMARIT, X. *Que és la periodización táctica?* Vivenciar el juego para condicionar el juego. Espanha: MC Sports, 2007.

TEODORESCU, L. *Problemas da teoria e metodologia nos Jogos Desportivos.* Lisboa: Livros Horizonte, 1984.

TEOLDO, I. *et al.* Princípios táticos do jogo de futebol: conceitos e aplicação. *Revista Motriz,* v. 15,n. 3, p. 657-668, 2009.

TEOLDO, I. *et al.* 2011. Sistema de avaliação táctica no futebol – futsat – avaliação e validação preliminar. *Motricidade,* v. 7, n. 1, p. 69–84, 2011a.

TEOLDO, I. *et al.* Relação entre a dimensão do campo de jogo e os comportamentos táticos do jogador de futebol. *Revista Brasileira de Educação Física e Esporte,* v. 25, n. 1, p. 79–96, 2011b.

TEOLDO, I.; GUILHERME, J.; GARGANTA, J. *Para um futebol jogado com ideias:* concepção, treinamento e avaliação do desempenho tático de jogadores e equipes. Curitiba: Appris, 2015.

TOLBAR, J. B. *Periodização Tática* – Enteder e aprofundar a metodologia que revolucionou o treino do futebol. Estoril: Prime Books, 2018.

TVERSKY, A.; KAHNEMAN, D. Judgment under uncertainty: heuristics and biases. *Science,* v. 185, n. 4157, p. 1124–1131, 1974.

VILAR, L. *et al.* The influence of pitch dimensions on performance during small--sided and conditioned soccer games. *Journal of Sports Sciences,* v. 32, n. 19, p. 1751–1759, 2014.

VYGOTSKY, L. S. *La imaginación y el arte en la infância:* ensaio psicológico. Madrid: Akal, 1982.

WARD, P. *et al.* The road to excellence: Deliberate practice and the development of expertise. *High Ability Studies,* v. 18, n. 2, p. 119–153, 2007.

WARD, P. *et al.* Skill-based dif-ferences in option generation in a complex task: A verbal protocol analysis. *Cognittive Processing,* v. 12, p. 289–300, 2011.

WEIGEL, P.; RAAB, M.; WOLLNY, R. Tactical Decision Making in Team Sports – A Model of Cognitive Processes. *International Journal of Sports Science,* v. 5, n. 4, p. 128–138, 2015.

WILLIAMS, A. M.; FORD, P. R. Game intelligence: anticipation and decision making. *In*: WILLIAMS, A. M. (ed.). *Science and Soccer III*. London: Routledge, 2013. p. 191–218.

ÍNDICE REMISSIVO

S

T